《西藏气候变化监测公报(2016年)》
编委会

编写组

主　　编：杜　军

副 主 编：边　多　　杨志刚　　杨　勇

成　　员（按姓氏拼音排序）：

德吉央宗　洪健昌　胡　军　拉　巴　拉巴卓玛

路红亚　牛晓俊　石　磊　袁　雷　张核真　卓　嘎

编写单位

西藏自治区气候中心
西藏高原大气环境科学研究所

U0271157

前　　言

气候是自然生态系统的重要组成部分,是人类赖以生存和发展的基础条件,也是经济社会可持续发展的重要资源。近百年来,受人类活动和自然因素的共同影响,全球正经历着以气候变暖为显著特征的变化。气候变化导致灾害性极端天气气候事件频发,积雪、冰川和冻土融化加速,水资源分布失衡,生物多样性受到威胁;受海洋热膨胀和冰川冰盖消融影响,全球海平面持续上升,海岸带和沿海地区遭受更为严重的洪涝、风暴等自然灾害,低海拔岛屿和沿海低洼地带甚至面临被淹没的威胁。气候变化对全球自然生态系统和经济社会都产生了广泛影响。

青藏高原是气候变化的敏感区、生态环境的脆弱区,全球气候变化对青藏高原的影响日益显著,对西藏的自然生态环境和经济社会可持续发展的潜在影响日益加大。青藏高原又是影响我国中东部天气系统的上游地区、主要灾害性天气的策源地。因此,研究和分析青藏高原天气气候、气候变化及其影响,对科学应对气候变化、有效防御气象灾害意义重大而深远。

西藏自然资源丰富,但生态环境脆弱。气候的微小波动往往会引起环境的重大变化。要实现经济社会可持续发展,研究气候的重要性不言而喻。特别是近50年来,西藏气候的变化不仅导致了区域内各种气象灾害的频发和加剧,而且导致雪线上升、冰川退缩、冻土消融、病虫害加剧等,对区域的经济社会发展构成严重威胁,影响了作为国家生态安全屏障的功能。

2011年以来,西藏自治区气象局连续6年发布年度《西藏气候变化监测公报》,给出了中国、亚洲和全球气候变化状态的最新监测信息,揭示了西藏近50年来大气圈(气温、降水、极端气候事件指数、天气现象)、冰冻圈(冰川、积雪、冻土)和陆地生态(地温、湖泊、植被、生态气候)等方面的基本科学事实。

本书在编写出版过程中,得到了中国清洁发展机制基金赠款项目"西藏自治区应对气候变化规划思路研究"的资助,同时还得到了西藏自治区气象局各位领导的关心,国家气候中心、西藏自治区气象信息网络中心提供了大量的气候系统观测资料和基础数据,在此一并对编写《西藏气候变化监测公报(2016年)》付出辛勤劳动的科技工作者表示诚挚的感谢!

编者

2017 年 6 月

编写说明

一、数据来源

1. 本公报中全球、亚洲和全国气候变化数据引自中国气象局气候变化中心 2017 年发布的《中国气候变化监测公报》。

2. 本公报中所用西藏数据均来自西藏自治区气象信息网络中心。

3. 本公报常年值是指 1981—2010 年气候基准期的常年平均值。凡是使用其他平均期的值,则用"平均值"一词,全球温度距平是相对于 1961—1990 年的平均值。

4. 本公报中 1961—2016 年西藏地表年平均气温、平均年降水量和平均日照时数等气象要素,是指西藏 18 个气象站(附图)年平均气温、降水量和日照时数等气象要素的平均值。

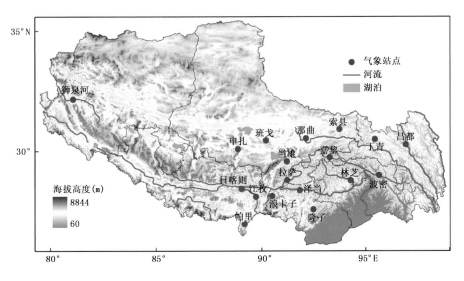

附图　西藏自治区气象站点分布

二、术语定义

全球地表平均温度:指与人类生活的生物圈关系密切的平均地球表面的温度,通常是基于按面积加权的海洋表面温度和陆地表面 1.5 m 处的表面气温的全球平均值。

地表平均气温:指某一段时间内,陆地表面气象观测规定高度(1.5 m)上的空气温度值的面积加权平均值。

西藏地表平均气温:指某一段时间内,西藏自治区 18 个气象站,地面气象观测规定高度(1.5 m)上的空气温度值的平均值。

西藏平均年降水量:指西藏自治区 18 个站一年降水量总和的平均值。

西藏平均年降水日数:指西藏自治区 18 个站点一年中降水量≥0.1 mm 日数的平均值。

活动积温:指植物在整个年生长期中高于生物学最低温度之和,即大于某一临界温度值的日平均气温的总和。

霜冻日数:每年日最低气温低于 0 ℃ 的天数。

结冰日数:每年日最高气温低于 0 ℃ 的天数。

生长季长度:每年日平均气温大于 5 ℃ 的天数。

暖昼日数:日最高气温大于历史同期第 90% 分位值的日数。

冷昼日数:日最高气温小于历史同期第 10% 分位值的日数。

暖夜日数:日最低气温大于历史同期第 90% 分位值的日数。

冷夜日数:日最低气温小于历史同期第 10% 分位值的日数。

日最大降水量:每年最大 1 日降水量。

连续 5 日最大降水量:每年连续 5 日的最大降水量。

降水强度:日降水量≥1.0 mm 的总降水量与降水日数的比值。

中雨日数:日降水量≥10 mm 的日数。

大雨日数:日降水量≥20 mm 的日数。

强降水量:日降水量大于基准期内第 95% 分位值的总降水量。

极强降水量:日降水量大于基准期内第 99% 分位值的总降水量。

连续干旱日数:日降水量<1.0 mm 的最大连续日数。

连续湿润日:日降水量≥1.0 mm 的最大连续日数。

霜:近地气层温度降到 0 ℃ 以下水汽凝华的一种现象,一天中凡出现白霜现象时统计为一个霜日。

冰雹:一天中凡出现冰雹天气现象时统计为一个冰雹日。

大风日数:凡出现瞬时风速达到或超过 17.2 m/s 的当天作为一个大风日统计。

雷暴:气象观测站在一天内听到雷声则记录当地一个雷暴日。

沙尘暴:一天中凡出现能见度<1 km 的沙尘暴天气现象时统计为一个沙尘暴日。

最大冻土层深度:冻土层深度指地面以下最深的冻土层到地面的距离。最大冻土层深度指某段时间内冻土层深度达到的最大值。

目　　录

前言

编写说明

摘要 ………………………………………………………………………………（1）

第1章　全球与全国气候变化 …………………………………………………（3）

　1.1　全球地表平均气温 …………………………………………………………（3）

　1.2　亚洲陆地表面平均气温 ……………………………………………………（4）

　1.3　全国气候变化 ………………………………………………………………（4）

　　1.3.1　气温 ……………………………………………………………………（4）

　　1.3.2　降水 ……………………………………………………………………（6）

第2章　西藏自治区气候要素的变化 …………………………………………（8）

　2.1　基本要素 ……………………………………………………………………（8）

　　2.1.1　平均气温 ………………………………………………………………（8）

　　2.1.2　平均最高气温和最低气温 ……………………………………………（13）

　　2.1.3　气温年较差和日较差 …………………………………………………（17）

　　2.1.4　降水 ……………………………………………………………………（20）

　　2.1.5　日照时数 ………………………………………………………………（27）

　　2.1.6　云量 ……………………………………………………………………（29）

　　2.1.7　蒸发量 …………………………………………………………………（31）

　　2.1.8　相对湿度 ………………………………………………………………（34）

　　2.1.9　平均风速 ………………………………………………………………（36）

　　2.1.10　积温 …………………………………………………………………（38）

　2.2　极端气候事件指数 …………………………………………………………（42）

　　2.2.1　极端最高气温和最低气温 ……………………………………………（43）

　　2.2.2　最高气温极小值和最低气温极大值 …………………………………（44）

　　2.2.3　暖昼日数和冷昼日数 …………………………………………………（44）

　　2.2.4　暖夜日数和冷夜日数 …………………………………………………（45）

　　2.2.5　霜冻日数和冰冻日数 …………………………………………………（46）

　　2.2.6　生长季长度 ……………………………………………………………（47）

　　2.2.7　1日最大降水量和连续5日最大降水量 ……………………………（48）

  2.2.8 降水强度 ·· (49)

  2.2.9 中雨日数和大雨日数 ·· (49)

  2.2.10 连续干旱日数和连续湿润日数 ······························ (50)

  2.2.11 强降水量和极强降水量 ·· (51)

 2.3 天气现象 ·· (52)

  2.3.1 霜 ·· (52)

  2.3.2 冰雹 ·· (53)

  2.3.3 大风 ·· (54)

  2.3.4 沙尘暴 ·· (55)

第3章 西藏自治区冰冻圈的变化 ·· (57)

 3.1 冰川 ·· (57)

  3.1.1 普若岗日冰川 ·· (57)

  3.1.2 波密县冰川 ·· (59)

  3.1.3 卡惹拉冰川 ·· (59)

 3.2 积雪 ·· (62)

  3.2.1 积雪日数 ··· (62)

  3.2.2 最大积雪深度 ·· (63)

 3.3 冻土 ·· (64)

  3.3.1 最大冻土深度 ·· (65)

  3.3.2 土壤冻结开始日期和终止日期 ······························ (66)

第4章 西藏自治区陆面生态变化 ·· (69)

 4.1 地表面温度 ··· (69)

 4.2 湖泊 ·· (70)

  4.2.1 色林错 ·· (70)

  4.2.2 纳木错 ·· (71)

  4.2.3 扎日南木错 ·· (73)

  4.2.4 当惹雍错 ··· (73)

  4.2.5 玛旁雍错 ··· (75)

  4.2.6 拉昂错 ·· (75)

  4.2.7 佩枯错 ·· (78)

 4.3 植被 ·· (78)

 4.4 区域生态气候 ·· (80)

参考文献 ·· (83)

摘　　要

气候系统的多种指标和观测表明,全球变暖趋势在持续。2016 年,全球表面平均温度再创新高,比 1961—1990 年平均值偏高 0.83 ℃,比工业化前水平高出约 1.1 ℃,成为有气象观测记录以来的最暖年份。2016 年,亚洲陆地表面平均气温比常年值偏高 1.48 ℃,仅次于 2015 年,是 1901 年以来的第二高值年份。

1951—2016 年,中国地表年平均气温平均每 10 年升高 0.23 ℃,平均年降水量无明显的增减趋势,但年际变化明显。2016 年,中国地表年平均气温比常年值偏高 1.10 ℃,属明显偏暖年份;平均年降水量为 730.0 mm,较常年值偏多 16.0%,为 1961 年以来最多。

1961—2016 年,西藏地表年平均气温呈显著上升趋势,平均每 10 年升高 0.32 ℃,明显高于全球(0.23 ℃/10a)和全国(0.28 ℃/10a),接近亚洲(0.33 ℃/10a);与我国八大区域比较,西藏气温升温率低于青藏高原(0.37 ℃/10a),略高于华北、东北和西北,明显高于其他区域。2016 年,西藏地表年平均气温为 5.1 ℃,比常年值偏高 1.0 ℃,是仅次于 2009 年、与 2010 年并列的第 2 个最暖年份。

1961—2016 年,西藏年降水量以 6.8 mm/10a 的速率呈增加趋势。2016 年,西藏年降水量为 526.3 mm,比常年值偏多 64.2 mm,为第 6 个偏多年份。

1961—2016 年,西藏年日照时数平均每 10 年减少 6.9 h,明显比全国平均年日照时数减幅(−35.4 h/10a)偏小;西藏日照时数减少主要表现在夏季。

1961—2016 年,西藏年平均总云量、蒸发皿蒸发量、平均风速均呈明显下降趋势;≥0 ℃活动积温呈显著的增加趋势(60.4 ℃·d/10a),尤其是近 36 年,增幅达 84.3 ℃·d/10a。

1961—2016 年,西藏年极端最高、最低气温每 10 年分别升高了 0.22 ℃、0.65 ℃;年暖昼(夜)日数、生长季长度均呈显著上升趋势,而年冷昼(夜)日数、霜冻日数和结冰日数均表现为显著的减少趋势。72% 站点的年中雨日数、56% 站点的年大雨日数、56% 站点的年连续湿润日数都表现为增多趋势,而 78% 站点的年连续干旱日数呈减少趋势。

1961—2016 年,西藏年霜日以 7.2 d/10a 的速度增加,而年冰雹日数、大风日数和沙尘暴日数都呈现出不同程度的减少,减幅依次为 1.9 d/10a、10.0 d/10a 和 1.3 d/10a。

1961—2016 年,西藏海拔 4 500 m 以上地区年最大冻土深度变浅趋势明显,平均每 10 年变浅 15.0 cm;海拔 3 000～4 500 m 地区最大冻土深度减幅为 4.6 cm/10a。

1981—2016 年,西藏年积雪日数和年最大积雪深度平均每 10 年分别减少 5.1 d 和 0.5 cm。

1961—2016 年,西藏年植被气候生产潜力平均每 10 年增加 106.0 kg/hm²。2000—2016 年,西藏植被显著退化区域主要集中在中、东部地区。2016 年全区植被生物量好于 2015 年。

1973—2016 年普若岗日冰川面积整体呈明显减少趋势,平均每年减少 1.93 km²。2016

年普若岗日冰川面积为 389.0 km^2,较 1973 年减少了 17.9％。波密县冰川面积从 20 世纪 80 年代的 3 158.37 km^2 减少至 2016 年的 2 197.71 km^2,共退缩了 960.66 km^2,退缩率为 30.41％。2016 年,卡惹拉冰川面积为 9.25 km^2,较 1972 年退缩了 0.17 km^2。

1975—2016 年色林错和纳木错湖面面积均表现为显著的扩张趋势,平均上涨率分别为 40.43 km^2/a 和 3.41 km^2/a。2003 年,色林错湖面面积达到 2 058.09 km^2,超过纳木错湖面面积,成为西藏第一大咸水湖。2016 年,色林错湖面面积为 2 383.97 km^2,较 1975 年 (1 621.77 km^2)扩张了 47.0％;纳木错湖面面积为 2 029.72 km^2,较 1975 年(1 947.0 km^2)扩张了 4.25％。

第1章 全球与全国气候变化

气候系统的多种指标和观测表明,全球变暖趋势在持续。2016 年,全球表面平均温度再创新高,成为有气象观测记录以来的最暖年份,比工业化前水平高出约 1.1 ℃;亚洲陆地表面年平均气温是 1901 年以来的第二高值;中国亦属于明显偏暖年份。本章以引用文献的方式,重点介绍全球、亚洲地表平均气温的变化趋势以及我国地表气温、降水量的气候变化事实。

1.1 全球地表平均气温

根据世界气象组织发布的《2016 年全球气候状况声明》,全球表面平均温度比 1961—1990 年平均值(14.0 ℃)高出 0.83 ℃,比工业化前水平高出约 1.1 ℃,突破 2014 年(偏高 0.57 ℃)、2015 年(偏高 0.76 ℃)相继创下的最暖纪录,成为有气象记录以来的最暖年份(图 1.1)。在有现代气象观测记录以来的 17 个最暖年份中,除 1998 年外,其他 16 个最暖年份均出现在 21 世纪。分析表明:全球变暖趋势仍在进一步持续(中国气象局气候变化中心,2017)。

长序列观测资料分析表明,19 世纪中期以来,全球陆地表面年平均气温呈显著升高趋势,且北半球平均的升温幅度明显大于南半球。1951—2016 年,北半球陆地表面平均气温的增温率为 0.22 ℃/10a,高于南半球陆地表面平均气温的增温速率(0.13 ℃/10a),亦高于全球陆地表面平均气温的增温速率(0.19 ℃/10a)。2016 年,全球陆地表面年平均气温比 1961—1990 年平均值高出 1.24 ℃,北半球和南半球陆地表面年平均气温分别高出 1.47 ℃和 0.79 ℃(中国气象局气候变化中心,2017)。

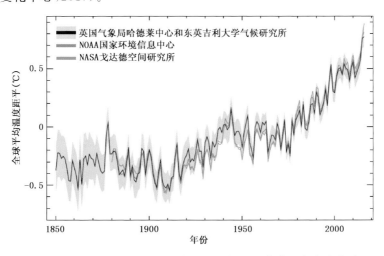

图 1.1 1850—2016 年全球地表平均温度距平变化(中国气象局气候变化中心,2017)

1.2　亚洲陆地表面平均气温

　　1901—2016 年,亚洲陆地表面年平均气温总体上呈明显上升趋势,20 世纪 50 年代以来,升温趋势尤其显著(图 1.2)。1901—2016 年,亚洲陆地表面平均气温上升了 1.62 ℃。1951—2016 年,亚洲陆地表面平均气温呈显著上升趋势,升温速率为 0.28 ℃/10a。2016 年,亚洲陆地表面平均气温比常年值(1971—2000 年平均值)偏高 1.48 ℃,仅次于 2015 年,是 1901 年以来的第二高值年份(中国气象局气候变化中心,2017)。

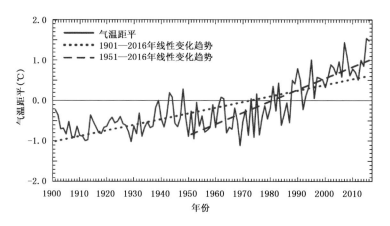

图 1.2　1901—2016 年亚洲陆地表面平均温度距平变化(中国气象局气候变化中心,2017)

1.3　全国气候变化

1.3.1　气温

　　1901—2016 年,中国地表年平均气温呈显著上升趋势,并伴随明显的年代际波动,20 世纪 30 年代至 40 年代和 80 年代中期以来是主要的偏暖阶段,20 世纪前 30 年和 50 年代至 80 年代中期则以偏冷为主(图 1.3)。1901—2016 年,中国地表年平均气温上升了 1.17℃,近 20 年是 20 世纪初以来的最暖时期。1951—2016 年,中国地表年平均气温呈显著上升趋势,增温速率为 0.23 ℃/10a。2016 年,中国年平均气温比常年值偏高 1.10 ℃,属明显偏暖年份(中国气象局气候变化中心,2017)。

　　1961—2016 年,中国八大区域(华北、东北、华东、华中、华南、西南、西北和青藏高原)地表年平均气温均呈显著上升趋势,但区域间差异明显(图 1.4)。青藏高原增温速率最大,平均每10 年升高 0.37 ℃;华北、西北和东北地区次之,升温速率依次为 0.31 ℃/10a、0.30 ℃/10a 和0.30 ℃/10a;华东地区平均每 10 年升高 0.23 ℃;华中、华南和西南地区升温幅度相对较缓,增温速率依次为 0.18 ℃/10a、0.17 ℃/10a 和 0.16 ℃/10a。2016 年,中国八大区域平均气温均高于常年值,其中华北、华东、华中、西北和青藏地区平均气温偏高超过 1 ℃,西北和青藏地区平均气温为 1961 年以来的最高值。

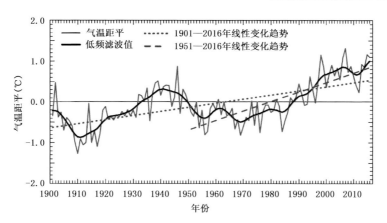

图 1.3　1901—2016 年中国地表平均温度距平变化(中国气象局气候变化中心,2017)

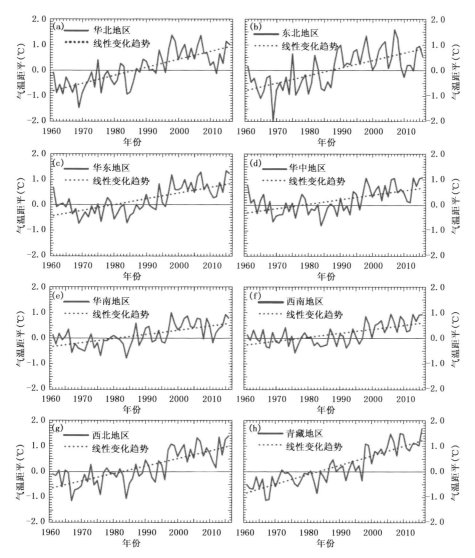

图 1.4　1961—2016 年中国八大区域地表年平均气温距平(中国气象局气候变化中心,2017)

1951—2016 年,中国地表年平均最高气温呈上升趋势(图 1.5(a)),平均每 10 年升高 0.18 ℃,低于年平均气温的升高速率。20 世纪 90 年代之前,中国年平均最高气温变化相对稳定,之后呈明显上升趋势。2016 年,中国地表年平均最高气温比常年值偏高 1.0 ℃(中国气象局气候变化中心,2017)。

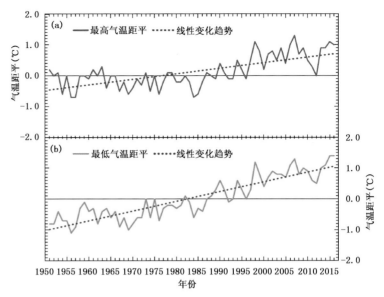

1951—2016 年,中国地表年平均最低气温呈显著上升趋势(图 1.5(b)),平均每 10 年升高 0.32 ℃,高于年平均气温和年最高气温的上升速率。1987 年之前最低气温上升较缓,之后升温明显加快。2016 年,中国地表年平均最低气温比常年值偏高 1.4 ℃,与 2015 年并列为 1951 年以来的最高值(中国气象局气候变化中心,2017)。

图 1.5　1951—2016 年中国地表平均最高气温(a)和平均最低气温(b)距平变化(中国气象局气候变化中心,2017)

1.3.2　降水

1961—2016 年,中国平均年降水量无明显增减趋势,但年际变化明显(图 1.6)。2016 年、1998 年和 1973 年是排名前三位的降水高值年,2011 年、1986 年和 2009 年是排名前三位的降水低值年。20 世纪 90 年代中国平均年降水以偏多为主,21 世纪最初 10 年总体偏少,但近 5 年降水持续偏多。2016 年,中国平均降水量为 730.0 mm,较常年值偏多 16.0%,为 1961 年以来最多。与常年值相比,2016 年全国大部地区降水量接近常年或偏多,东北地区中部和东北部、华北地区西部、长江中下游沿江地区、江南南部、华南东部、西北地区大部、青藏地区西北部

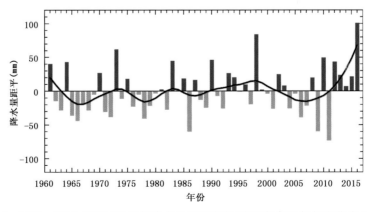

图 1.6　1961—2016 年中国平均年降水量距平变化(中国气象局气候变化中心,2017)

等地偏多 20% 以上；内蒙古东部、陕西中南部、四川北部、广西西北部、青海中部等地降水偏少（中国气象局气候变化中心，2017）。

1961—2016 年，中国八大区域平均年降水量变化趋势差异明显（图 1.7）。青藏高原平均年降水量呈增多趋势，平均每 10 年增加 8.0 mm；西南地区平均年降水量呈减少趋势，平均每 10 年减少 14.2 mm；华北、东北、华东、华中、华南和西北地区年降水量无明显线性变化趋势，但均存在年代际波动变化。21 世纪初以来，华北、东北、华东、华南和西北地区平均年降水量波动上升，而华中和西南地区总体处于降水偏少阶段。2016 年，中国八大区域平均降水量均较常年值偏多，华东和青藏地区平均降水量为 1961 年以来的最多值（中国气象局气候变化中心，2017）。

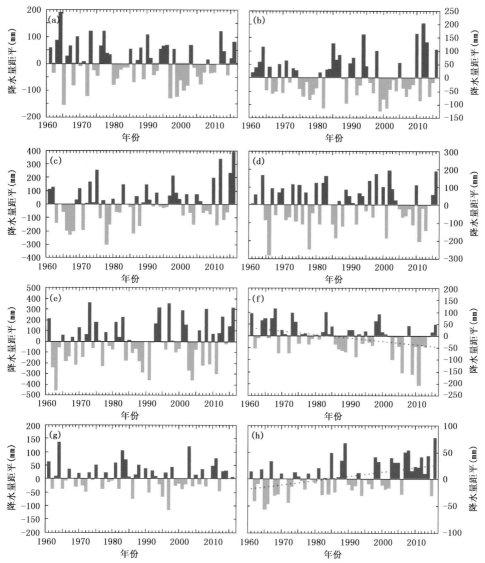

图 1.7　1961—2016 年中国八大区域年降水量距平（中国气象局气候变化中心，2017）
(a)华北地区，(b)东北地区，(c)华东地区，(d)华中地区，
(e)华南地区，(f)西南地区，(g)西北地区，(h)青藏高原

第2章 西藏自治区气候要素的变化

在全球气候变暖的大背景下,西藏气候也发生了明显的变化,近56年(1961—2016年)总体上呈现为变暖变湿的变化特征,日照时数、蒸发量、平均风速均呈现出显著的减少趋势。年极端最高、最低气温趋于升高,年暖昼(夜)日数、生长季长度均呈显著上升趋势,而年冷昼(夜)日数、霜冻日数和结冰日数均表现为显著的减少趋势。年中雨日数、大雨日数、连续湿润日数都表现为增多趋势,而年连续干旱日数呈减少趋势。

2.1 基本要素

2.1.1 平均气温

2.1.1.1 全区

1961—2016年,西藏地表年平均气温呈显著上升趋势,平均每10年升高0.32 ℃(图2.1),升温主要表现在秋、冬两季(表2.1),尤其是近36年(1981—2016年)升温更明显。近56年西藏地表升温率明显高于全球(0.23 ℃/10a)和全国(0.28 ℃/10a),接近亚洲(0.33 ℃/10a)。与我国八大区域比较(表2.2),西藏地表年平均气温升温率低于青藏高原,略高于华北、东北和西北,明显高于其他区域。2016年,西藏地表年平均气温为5.1 ℃,比常年值偏高1.0 ℃,是1961年以来仅次于2009年、与2010年并列的第2个最暖年份。

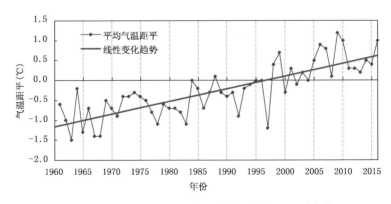

图2.1 1961—2016年西藏地表年平均气温距平变化

表 2.1 西藏地表平均气温升温率(℃/10a)

时间段(年)	年	冬季	春季	夏季	秋季
1961—2016	0.32***	0.44***	0.27***	0.24***	0.31***
1981—2016	0.41***	0.58***	0.38**	0.29***	0.39***

注:*,**,*** 分别表示通过 0.05,0.01 和 0.001 显著性检验水平。

表 2.2 1961—2016 年全球、亚洲和中国八大区域地表年平均气温升温率(℃/10a)

区域	全球	亚洲	中国	华北	东北	华东	华中	华南	西南	西北	青藏高原
升温率	0.23	0.33	0.28	0.31	0.30	0.23	0.18	0.17	0.16	0.30	0.37

从 1961—2016 年西藏地表年平均气温变化趋势的空间分布来看(图 2.2),各站点地表年平均气温均呈现为显著的升高趋势,平均每 10 年升高 0.17~0.52 ℃(P<0.001),其中那曲最大,班戈和拉萨次之(0.50 ℃/10a),昌都最小。

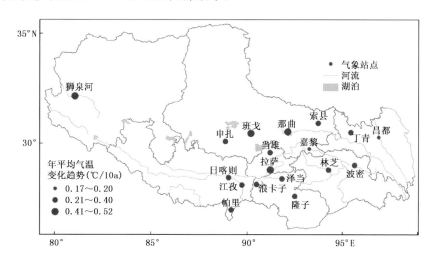

图 2.2 1961—2016 年西藏地表年平均气温变化趋势的空间分布

就四季平均气温变化趋势的地域分布而言,近 56 年(1961—2016 年)西藏各站季平均气温均表现为升高趋势,主要表现在秋、冬两季。春季升温率为 0.06~0.46 ℃/10a(图 2.3(a)),除昌都、嘉黎外,其余站 P<0.01,其中狮泉河最高,拉萨次之(0.45 ℃/10a),嘉黎最低。在夏季(图 2.3(b)),各地升温率为 0.08~0.43 ℃/10a(15 个站 P<0.001),以拉萨最高,其次是狮泉河(0.35 ℃/10a),嘉黎最低。各地秋季升温率为 0.13~0.51 ℃/10a(图 2.3(c)),15 个站 P<0.001),以拉萨最高,其次是那曲(0.49 ℃/10a),昌都最低。各地冬季升温率为 0.24~0.91 ℃/10a(图 2.3(d)),16 个站 P<0.001),以班戈最高,那曲次之(0.79 ℃/10a),隆子最低,其中那曲地区大部、拉萨和当雄升温率大于 0.50 ℃/10a。

根据 1981—2016 年西藏 7 个地(市)地表年平均气温变化趋势的分析(图 2.4)来看,阿里地区升温率最大,达 0.60 ℃/10a;其次是那曲地区,为 0.50 ℃/10a;山南市最小,为 0.32 ℃/10a;拉萨市、昌都市、林芝市和日喀则市升温率分别为 0.49 ℃/10a、0.39 ℃/10a、0.34 ℃/10a 和 0.37 ℃/10a。

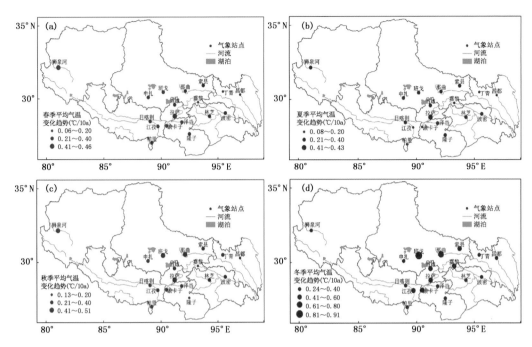

图 2.3　1961—2016 年西藏地表四季平均气温变化趋势的空间分布

(a)春季,(b)夏季,(c)秋季,(d)冬季

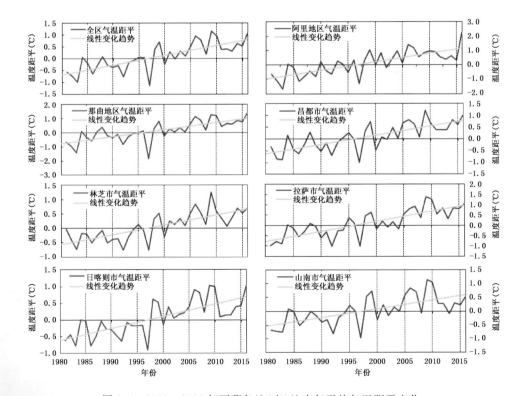

图 2.4　1981—2016 年西藏各地(市)地表年平均气温距平变化

2.1.1.2　拉萨站

1952—2016 年,拉萨国家基本站地表年平均气温呈显著升高趋势,平均每 10 年升高 0.36 ℃($P<0.001$,图 2.5)。20 世纪 50—80 年代气温以偏低为主,进入 90 年代后,气温快速升高,1991—2016 年平均每 10 年升高 0.65 ℃($P<0.001$)。2016 年,拉萨站年平均气温为 9.5 ℃,较常年偏高 1.0 ℃,为 1952 年以来并列第 4 个偏高年份。

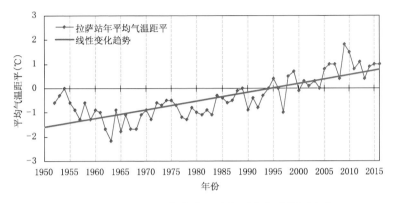

图 2.5　1952—2016 年拉萨地表年平均气温距平变化

从拉萨四季平均气温的变化趋势来看(表 2.3),各季均表现为升高趋势,主要表现在冬季,尤其是近 26 年(1991—2016 年),冬季升温率达 0.81 ℃/10a,夏季升温率也达到 0.66 ℃/10a。

表 2.3　拉萨地表平均气温升温率(℃/10a)

时间段(年)	年	冬季	春季	夏季	秋季
1952—2016	0.36***	0.46***	0.27***	0.35***	0.36***
1981—2016	0.60***	0.76***	0.56***	0.42***	0.65***
1991—2016	0.65***	0.81***	0.48*	0.66**	0.62**

注:*,**,***分别表示通过 0.05,0.01 和 0.001 显著性检验水平。

在年代际变化尺度上(表 2.4),20 世纪 60 年代以来,拉萨年、季平均气温表现为逐年代增高的变化特征,20 世纪 60 年代是最冷的 10 年,21 世纪最初 10 年是最暖的 10 年,特别是冬季更为突出,后者比前者偏高 2.8 ℃。

表 2.4　拉萨地表平均气温的各年代平均距平(℃)

年代	年	冬季	春季	夏季	秋季
20 世纪 50 年代	−0.7	−1.2	−0.1	−1.1	−0.6
20 世纪 60 年代	−1.4	−1.7	−1.2	−1.3	−1.5
20 世纪 70 年代	−0.9	−1.0	−0.8	−1.0	−0.7
20 世纪 80 年代	−0.6	−0.8	−0.7	−0.3	−0.7
20 世纪 90 年代	−0.1	−0.4	0.2	−0.3	0.0
21 世纪最初 10 年	0.7	1.1	0.5	0.5	0.7

注:距平为各年代平均值与 1981—2010 年平均值的差。

2.1.1.3 昌都站

1953—2016 年,昌都国家基准站地表年平均气温呈上升趋势,升温率为 0.11 ℃/10a(图 2.6)。20 世纪 50—80 年代气温以振荡为主,进入 90 年代后,气温明显升高,1991—2016 年升温率为 0.39 ℃/10a。2016 年,昌都站年平均气温为 8.5℃,较常年值偏高 0.7 ℃,为 1953 年以来并列第 3 个偏高年份。

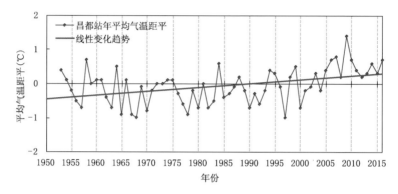

图 2.6 1953—2016 年昌都地表年平均气温距平变化

从昌都四季平均气温的变化趋势来看(表 2.5),各时段气温均表现为上升趋势,尤其是冬季。近 26 年(1991—2016 年)升温幅度较大,冬季升温率达 0.55 ℃/10a,夏季升温率为 0.48 ℃/10a。

表 2.5 昌都地表平均气温升温率(℃/10a)

时间段(年)	年	冬季	春季	夏季	秋季
1953—2016	0.11**	0.23***	0.03	0.10	0.07
1981—2016	0.28***	0.44**	0.25*	0.19	0.22*
1991—2016	0.39**	0.55*	0.22	0.48*	0.33

注:*,**,***分别表示通过 0.05,0.01 和 0.001 显著性检验水平。

在年代际变化尺度上(表 2.6),总体来看,20 世纪 60 年代以来昌都年、冬季平均气温呈现出逐年代增高的变化特征,20 世纪 60 年代是最冷的 10 年,21 世纪最初 10 年是最暖的 10 年。在冬季,两个年代平均气温相差 1.6 ℃。

表 2.6 昌都地表平均气温的各年代平均距平(℃)

年代	年	冬季	春季	夏季	秋季
20 世纪 50 年代	0.0	−0.5	0.4	0.0	0.1
20 世纪 60 年代	−0.4	−0.8	−0.1	−0.4	−0.4
20 世纪 70 年代	−0.3	−0.7	−0.1	−0.3	−0.1
20 世纪 80 年代	−0.2	−0.4	−0.3	0.0	−0.2
20 世纪 90 年代	−0.1	−0.4	0.1	−0.3	−0.1
21 世纪最初 10 年	0.4	0.8	0.2	0.3	0.4

注:距平为各年代平均值与 1981—2010 年平均值的差。

2.1.2　平均最高气温和最低气温

2.1.2.1　全区

1961—2016年,西藏地表年平均最低气温呈显著的升高趋势(图2.7(a),表2.7),平均每10年升高0.41 ℃,高于年平均气温的升温率;1981—2016年升温率达到0.51 ℃/10a。同样,地表年平均最高气温也呈明显升高趋势(图2.7(b),表2.7),平均每10年升高0.28 ℃,但低于年平均气温和平均最低气温的上升速率。1997年以前西藏年平均最高气温变化相对稳定,之后呈明显上升趋势;1981—2016年升温率为0.51 ℃/10a。四季平均最高、最低气温的升高主要表现在冬季,其次是秋季(表2.7)。

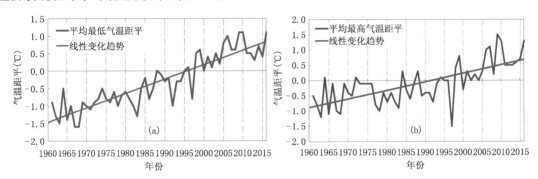

图 2.7　1961—2016年西藏地表年平均最低气温(a)和最高气温(b)距平变化

表 2.7　西藏地表平均最高、最低气温升温率(℃/10a)

要素	时间段(年)	年	冬季	春季	夏季	秋季
平均最高气温	1961—2016	0.28***	0.38***	0.20**	0.21***	0.29***
	1981—2016	0.44***	0.66***	0.39***	0.26**	0.41**
平均最低气温	1961—2016	0.41***	0.54***	0.41***	0.31***	0.37***
	1981—2016	0.51***	0.57***	0.49***	0.47***	0.50***

注:*,**,***分别表示通过0.05,0.01和0.001显著性检验水平。

2016年,西藏地表年平均最高气温为13.0 ℃,比常年值偏高1.3℃,是1961年以来的并列第2个高值年。年平均最低气温为−1.2 ℃,比常年值偏高1.0 ℃,是1961年以来的与2009年、2010年并列第1高值年。

从1961—2016年西藏地表年平均最高气温变化趋势的空间分布来看,各站点地表年平均最高气温都表现为升高趋势(图2.8(a)),平均每10年升高0.08~0.47 ℃(除嘉黎未通过显著性检验外,其余站 $P<0.001$),其中拉萨升温幅度最大,其次是泽当(0.36 ℃/10a),嘉黎最小;那曲地区、拉萨、当雄、隆子和狮泉河升温率大于0.30 ℃/10a。在四季变化趋势上,平均最高气温表现出以下特征:(1)最大升温率除狮泉河出现在春季外,其余站点均发生在冬季;(2)春季(图略),平均最高气温在嘉黎站表现为较弱的降低趋势,其他各站呈升高趋势且66.7%的站点 $P<0.05$;(3)夏季,平均最高气温在帕里站呈较弱的降低趋势(图2.8(b)),其他各站为升高趋势且83.3%的站点 $P<0.05$;(4)秋季(图略)和冬季(图2.8(c))各站均表现为升高趋势,$P<0.05$ 的站点分别为17个和16个。

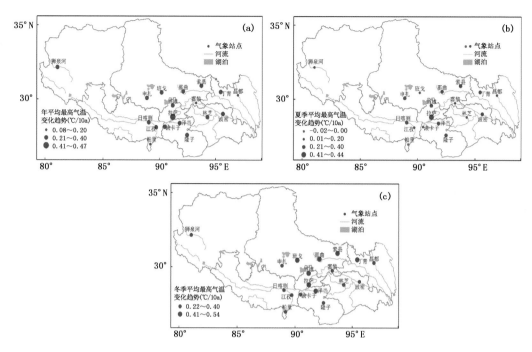

图 2.8 1961—2016 年西藏地表年平均最高气温变化趋势的空间分布

(a)年,(b)夏季,(c)冬季

近 56 年西藏各站地表年平均最低气温均表现为明显升高趋势(图 2.9(a)),平均每 10 年升高 0.12~0.78 ℃(所有站 $P<0.001$),其中那曲、班戈、拉萨、浪卡子和狮泉河升温率大于

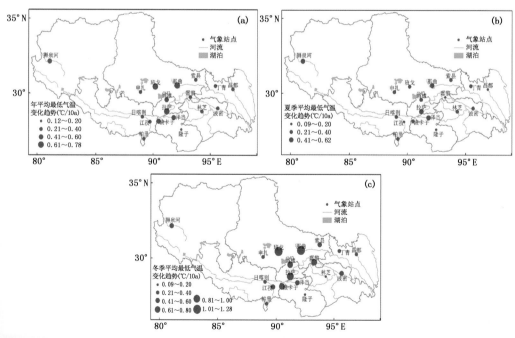

图 2.9 1961—2016 年西藏地表年平均最低气温变化趋势的空间分布

(a)年,(b)夏季,(c)冬季

0.50 ℃/10a,以那曲升温率最大,其次是班戈(0.77 ℃/10a),隆子最小。在四季变化趋势上,平均最低气温最大升温率出现的季节不同,狮泉河、日喀则、林芝在春季,隆子在夏季,其余站点均表现在冬季。平均最低气温除隆子在秋季无变化外,各站四季均呈升高趋势,其中春季升温率为 0.19~0.74 ℃/10a(所有站 $P<0.05$),以那曲最大,其次是班戈(0.72 ℃/10a),嘉黎最小;夏季升温率为 0.09~0.62 ℃/10a(图 2.9(b),94.4%的站点 $P<0.05$),以狮泉河最大,那曲和拉萨次之(0.52 ℃/10a),江孜最小;秋季升温率为 0.11~0.69 ℃/10a(94.4%的站点 $P<0.05$),以那曲最大,狮泉河其次(0.67 ℃/10a),江孜最小;冬季升温率为 0.09~1.28 ℃/10a(图 2.9(c),94.4%的站点 $P<0.05$),以班戈最大,那曲次之(1.13 ℃/10a),隆子最小。

2.1.2.2　拉萨站

1952—2016 年,拉萨国家基本站地表年平均最高气温和最低气温均表现为显著的上升趋势(图 2.10,表 2.8),升温率分别为 0.31 ℃/10a($P<0.001$)和 0.57 ℃/10a($P<0.001$),主要表现在冬季。进入 20 世纪 90 年代后,最高和最低气温快速上升,近 26 年(1991—2016 年)升温率分别达到 0.66 ℃/10a($P<0.001$)和 0.84℃/10a($P<0.001$),其中冬季最高气温上升更明显,平均每 10 年升高 1.10 ℃。2016 年,拉萨站年平均最高气温为 17.3 ℃,较常年偏高 1.0 ℃,为 1952 年以来并列第 4 个偏高年份。平均最低气温为 3.8 ℃,较常年偏高 1.6 ℃,为 1952 年以来第 3 个偏高年份。

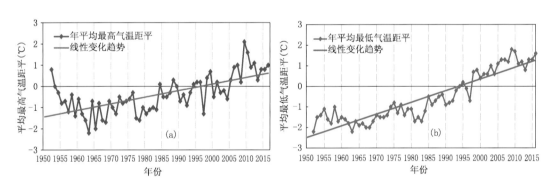

图 2.10　1952—2016 年拉萨地表年平均最高气温(a)和最低气温(b)距平变化

表 2.8　拉萨地表平均最高气温和最低气温升温率(℃/10a)

时间段(年)	年	冬季	春季	夏季	秋季
1952—2016	0.31***/0.57***	0.41***/0.69***	0.22***/0.58***	0.37***/0.47***	0.27***/0.52***
1981—2016	0.54***/0.91***	0.85***/1.00***	0.45***/0.94***	0.26***/0.72***	0.53***/0.96***
1991—2016	0.66***/0.84***	1.10***/0.88***	0.31/0.84***	0.55*/0.82***	0.61**/0.78***

注:*,**,*** 分别表示通过 0.05,0.01 和 0.001 显著性检验水平;"/"前后数字分别为平均最高气温和最低气温升温率。

根据拉萨站平均最高(最低)气温在 10 年际变化尺度上来看(表 2.9),20 世纪 50—80 年代、季气温均为负距平;90 年代冬季和夏季气温为负距平,春、秋两季气温为正常或正距平;进入 21 世纪初,年、季平均最高(最低)气温均表现正距平,尤其是冬季。20 世纪 60 年代至今表现为逐年代增温的变化特征,60 年代是最冷的 10 年,21 世纪最初 10 年是最暖的 10 年。21

世纪最初 10 年与 20 世纪 50 年代比较,年平均最高气温和最低气温分别偏高 1.0 ℃和 2.6 ℃;冬季更明显,平均最高气温和最低气温分别偏高 2.9 ℃和 3.1 ℃。

表 2.9 拉萨地表平均最高气温和最低气温的各年代平均距平(℃)

年代	年	冬季	春季	夏季	秋季
20 世纪 50 年代	−0.5/−1.5	−0.7/−1.8	−0.1/−1.5	−1.2/−1.5	−0.1/−1.4
20 世纪 60 年代	−1.4/−1.8	−1.2/−2.6	−1.2/−1.9	−1.6/−1.2	−1.3/−1.5
20 世纪 70 年代	−1.0/−1.2	−0.9/−1.6	−0.8/−1.4	−1.2/−1.0	−0.9/−0.8
20 世纪 80 年代	−0.5/−1.0	−0.7/−1.1	−0.6/−1.1	−0.1/−0.7	−0.5/−1.1
20 世纪 90 年代	−0.2/0.0	−0.6/−0.1	0.3/0.0	−0.3/−0.2	0.0/0.1
21 世纪最初 10 年	0.5/1.1	1.2/1.3	0.3/1.0	0.3/0.9	0.4/1.2

注:距平为各年代平均值与 1981—2010 年平均值的差;"/"前后数字分别为平均最高气温和最低气温的距平。

2.1.2.3 昌都站

1954—2016 年,昌都国家基准站地表年平均最高气温和最低气温都表现为明显上升趋势 (图 2.11,表 2.10),升温率分别为 0.13 ℃/10a($P<0.01$)和 0.17 ℃/10a($P<0.001$),主要表现在冬季。近 36 年(1981—2016 年)年平均最高气温和最低气温上升速度更快,升温率分别达到 0.32 ℃/10a($P<0.001$)和 0.38 ℃/10a($P<0.001$),以冬、春季升温为主。进入 90 年代后,平均最高气温在春季明显下降,其他三季最高气温升高继续;而四季平均最低气温上升趋势更显著,升温率为 0.43~0.54 ℃/10a($P<0.05$),以夏季最高。

2016 年,昌都站年平均最高气温为 17.5 ℃,较常年偏高 0.6 ℃,为 1954 年以来并列第 7 个偏高年份。平均最低气温为 1.9 ℃,较常年偏高 0.8 ℃,是 1954 年以来的第 3 个偏高年份。

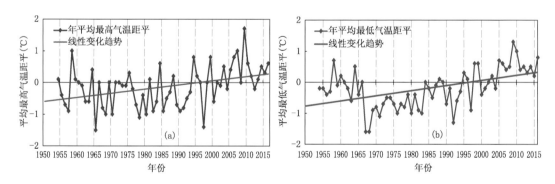

图 2.11 1954—2016 年昌都地表年平均最高气温(a)和最低气温(b)距平变化

表 2.10 昌都地表平均最高气温和最低气温升温率(℃/10a)

时间段(年)	年	冬季	春季	夏季	秋季
1953—2016	0.13**/0.17***	0.27***/0.23***	0.02/0.17***	0.16*/0.12*	0.04/0.13*
1981—2016	0.32***/0.38***	0.54**/0.49***	0.27*/0.39***	0.18/0.32*	0.20/0.36***
1991—2016	0.36*/0.49***	0.61*/0.52*	0.03/0.48**	0.52**/0.54**	0.20/0.43*

注:*,**,***分别表示通过 0.05,0.01 和 0.001 显著性检验水平;"/"前后数字分别为平均最高气温和最低气温升温率。

在年代际变化尺度上(表 2.11),总体来看,20 世纪 70 年代至 21 世纪初昌都年、季平均最高(最低)气温表现为逐年代上升的变化特征。年平均最高气温最小值出现在 20 世纪 60 年代,而年平均最低气温最小值出现在 70 年代。四季平均最高(最低)气温的最小值出现的年代也不尽相同。不过,年、季平均最高(最低)气温的最大值均出现在 21 世纪最初 10 年里。21 世纪最初 10 年与 20 世纪 60 年代比较,昌都年平均最高气温和最低气温均偏高 1.0 ℃;在冬季,平均最高气温和最低气温分别偏高 1.9 ℃和 1.6 ℃。

表 2.11　昌都地表平均气温的各年代平均距平(℃)

年代	年	冬季	春季	夏季	秋季
20 世纪 60 年代	−0.5/−0.6	−0.8/−0.8	−0.1/−0.4	−0.7/−0.1	−0.3/−0.6
20 世纪 70 年代	−0.3/−0.7	−0.7/−1.1	−0.1/−0.5	−0.2/−0.6	−0.3/−0.5
20 世纪 80 年代	−0.4/−0.4	−0.6/−0.4	−0.5/−0.3	0.0/−0.1	−0.3/−0.4
20 世纪 90 年代	−0.2/−0.2	−0.5/−0.3	0.2/0.0	−0.3/−0.2	−0.1/−0.1
21 世纪最初 10 年	0.5/0.4	1.1/0.8	0.3/0.4	0.3/0.4	0.3/0.4

注:距平为各年代平均值与 1981—2010 年平均值的差;"/"前后数字分别为平均最高气温和最低气温的距平。

2.1.3　气温年较差和日较差

2.1.3.1　气温年较差

1961—2016 年,西藏气温年较差表现为明显变小趋势,平均每 10 年减小 0.28 ℃($P<$0.01,图 2.12);近 36 年(1981—2016 年)气温年较差也趋于减小,减幅为 −0.30 ℃/10a(未通过显著性检验)。

2016 年西藏气温年较差为 20.0 ℃,较常年值偏高 0.9 ℃,位列 1961 年以来的第 16 个偏高年份。各地气温年较差在 15.6~27.5 ℃,以林芝最小、狮泉河最大,其中,那曲地区、阿里地区西部在 20.0 ℃以上。

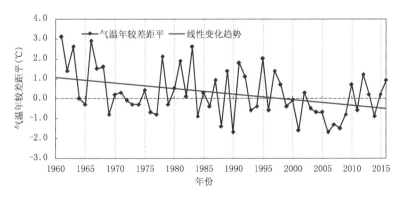

图 2.12　1961—2016 年西藏气温年较差距平变化

从西藏气温年较差在 10 年际变化尺度上来看(图 2.13),20 世纪 60 年代最高,较常年值偏高 1.2 ℃;70—90 年代气温年较差仍处于偏高期,且呈逐年代增加趋势;进入 21 世纪初,气温年较差较常年值偏低 0.4 ℃。在 30 年际变化尺度上,1981—2010 年气温年较差最低,分别比 1961—1990 年和 1971—2010 年偏低 0.5 ℃和 0.3 ℃。

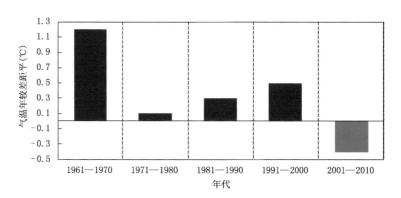

图 2.13　1961—2010 年西藏气温年较差的年代际变化

从近 56 年(1961—2016 年)西藏各地气温年较差变化趋势来看(图 2.14),除狮泉河以 0.19 ℃/10a 的速度增大外,其他各站均呈现为一致的变小趋势,为 -0.04～-1.06 ℃/10a(8 个站 $P<0.05$),其中班戈减幅最大($P<0.001$),其次是那曲,为 -0.74 ℃/10a($P<0.001$),林芝减幅最小。海拔 4 200 m 以上地区气温年较差变小幅度较大,在 0.50 ℃/10a 以上。

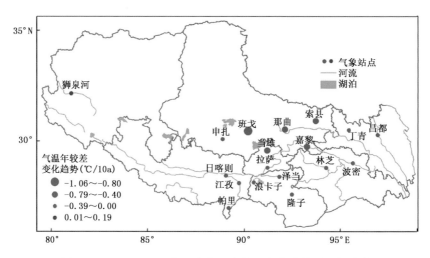

图 2.14　1961—2016 年西藏气温年较差变化趋势的空间分布

2.1.3.2　气温日较差

1961—2016 年,西藏年气温日较差表现为明显变小趋势(图 2.15,表 2.12),平均每 10 年减小 0.13 ℃($P<0.001$),主要表现在冬季和春季,以春季减幅最大,为 -0.20 ℃/10a($P<0.001$)。近 36 年气温日较差变小趋势趋缓,仅为 -0.07 ℃/10a(未通过显著性检验),与气温日较差冬季变大、春季减小趋缓有关。2016 年西藏年气温日较差为 14.2 ℃,较常年值偏高 0.2 ℃,是 1961 年以来的第 29 个偏高年份。

在 10 年际变化尺度上,西藏年气温日较差在 20 世纪 60 年代至 21 世纪初呈逐年代变小趋势,60 年代是最大的 10 年,21 世纪最初 10 年是最小的 10 年。在 30 年际变化尺度上,1981—2010 年气温日较差分别比 1961—1990 年和 1971—2010 年偏小 0.4 ℃ 和 0.2 ℃。

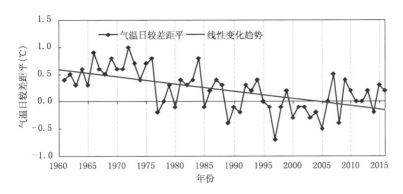

图 2.15 1961—2016 年西藏年平均气温日较差距平变化

表 2.12 西藏年平均气温日较差变化率(℃/10a)

时间段(年)	年	冬季	春季	夏季	秋季
1961—2016	−0.13***	−0.16**	−0.20***	−0.08	−0.10
1981—2016	−0.07	0.10	−0.09	−0.18	−0.13

注:*,**,***分别表示通过 0.05,0.01 和 0.001 显著性检验水平。

根据近 56 年(1961—2016 年)西藏各地气温日较差变化趋势的空间分布来看(图 2.16),年平均情况下,申扎、日喀则、隆子呈变大趋势,增幅为 0.04~0.18 ℃/10a,其中隆子增幅最大($P<0.001$);其他各站呈现为一致的变小趋势,为 −0.04~−0.51 ℃/10a(10 个站 $P<0.05$),其中班戈减幅最大($P<0.001$),其次是那曲,为 −0.45 ℃/10a($P<0.001$),林芝减幅最小。

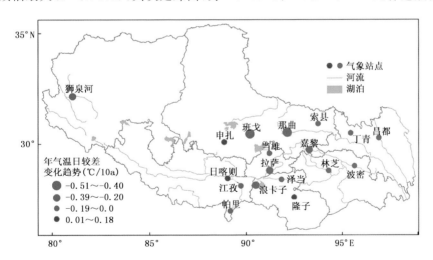

图 2.16 1961—2016 年西藏年气温日较差变化趋势的空间分布

从 1961—2016 年西藏四季气温日较差变化趋势的空间分布来看,春季(图 2.17(a))气温日较差在隆子站呈变大趋势(0.04 ℃/10a),申扎、林芝 2 个站基本无变化,其他各站趋于变小,为 −0.08~−0.55 ℃/10a(13 个站 $P<0.05$),以那曲减幅最大($P<0.001$),其次是班戈,为 −0.50 ℃/10a($P<0.001$),狮泉河减幅最小。在夏季(图 2.17(b)),气温日较差趋于增大的站点有 7 个站,分布在昌都市、申扎、索县、当雄、江孜和隆子等地,增幅为 0.01~0.11 ℃/10a

（未通过显著性检验；以江孜、索县最大，丁青最小）；其他各站为变小趋势，为-0.08～-0.55 ℃/10a（6 个站 $P<0.05$），其中那曲减幅最大（$P<0.001$），班戈次之（-0.28 ℃/10a，$P<0.001$），日喀则减幅最小。秋季（图 2.17(c)），申扎、日喀则、江孜和隆子 4 个站气温日较差呈增大趋势，增幅为 0.10～0.34 ℃/10a（隆子、日喀则和江孜 3 个站 $P<0.05$），其中隆子增幅最大、申扎最小；其他各站表现为变小趋势，为-0.02～-0.38 ℃/10a（6 个站 $P<0.05$），以狮泉河、那曲和班戈减幅最大（$P<0.01$），索县减幅最小。在冬季（图 2.17(d)），丁青、索县、林芝、隆子和江孜 5 个站的气温日较差呈增大趋势，增幅为 0.02～0.29 ℃/10a（隆子、日喀则和林芝 3 个站 $P<0.05$），其中隆子增幅最大（$P<0.001$）、索县增幅最小；其他各站表现为变小趋势，为-0.02～-0.86 ℃/10a（7 个站 $P<0.05$），以班戈减幅最大（$P<0.001$），那曲次之（-0.69 ℃/10a，$P<0.001$），昌都减幅最小。

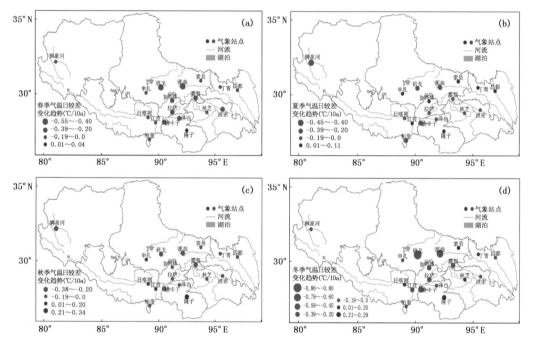

图 2.17　1961—2016 年西藏四季气温日较差变化趋势的空间分布

(a)春季，(b)夏季，(c)秋季，(d)冬季

2.1.4　降水

2.1.4.1　降水量

（1）全区

1961—2016 年，西藏平均年降水量呈增加趋势，平均每 10 年增加 6.8 mm（图 2.18，表 2.13），较 1961—2015 年的增幅（5.8 mm/10a）偏大。近 36 年（1981—2016 年）年降水量增加趋势明显，增幅为 13.2 mm/10a（$P<0.001$），主要表现在春季（6.2 mm/10a，$P<0.01$）和夏季（7.9 mm/10a）。但近 26 年（1991—2016 年）全区年降水量增幅明显变小，仅春季降水量呈增加趋势，其他三季均趋于减少。

2016 年,西藏平均年降水量为 526.3 mm,比常年值(462.1 mm)偏多 64.2 mm,是 1961 年以来的第 6 个偏多年份。

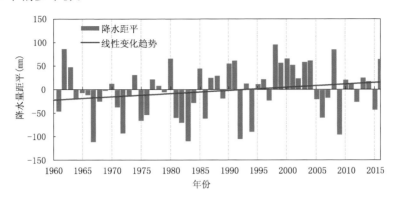

图 2.18　1961—2016 年西藏年降水量距平变化

表 2.13　西藏降水量变化趋势(mm/10a)

时间段(年)	年	春季	夏季	秋季	冬季
1961—2016	6.8	4.9***	−0.8	2.1	0.6*
1981—2016	13.2***	6.2**	7.9	−0.4	−0.3
1991—2016	1.6	7.1	−2.9	−1.7	−0.7

注:*,**,***分别表示通过 0.05,0.01 和 0.001 显著性检验水平。

西藏年降水量变化趋势与全国八大区域比较表明,华北、东北、华东、华中、华南和西北地区年降水量无明显线性变化趋势,但均存在年代际波动变化。西南地区年降水量呈明显下降趋势(−14.2 mm/10a),青藏高原年降水量呈增加趋势(8.0 mm/10a),高于西藏地区的增幅。

西藏年降水量在 10 年际变化尺度上(图 2.19),20 世纪 60 年代至 80 年代偏少,呈逐年代递减态势,90 年代至 21 世纪初偏多;20 世纪 80 年代是近 50 年降水最少的 10 年,90 年代和 21 世纪初降水均偏多,90 年代是近 50 年降水最多的 10 年。在 30 年际变化尺度上,年降水量呈现为逐 30 年际增多趋势,1981—2010 年平均值较 1961—1990 年、1971—2000 年的平均值分别偏多 14.5 mm 和 8.4 mm。

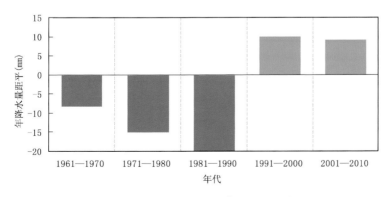

图 2.19　1961—2010 年西藏年降水量的年代际变化

从1961—2016年西藏年降水量变化趋势的空间分布来看(图2.20),日喀则、江孜和泽当年降水量表现为减少趋势,减幅为$-0.5 \sim -4.9$ mm/10a,以日喀则减幅最大,其次是江孜,为-4.2 mm/10a;其他各站均呈增加趋势,增幅为$0.3 \sim 17.2$ mm/10a,其中林芝增幅最大,申扎次之(16.3 mm/10a),狮泉河最小。

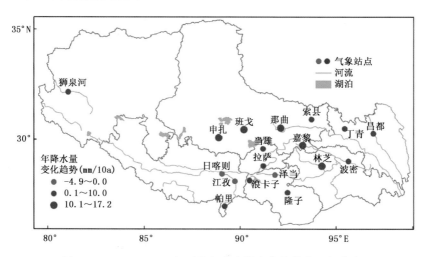

图2.20　1961—2016年西藏年降水量变化趋势的空间分布

就四季降水量变化趋势的地域分布而言,近56年(1961—2016年)西藏各站季降水量变化趋势表现的各不相同。春季降水量在所有站点上都表现为增加趋势(图2.21(a)),增幅为$0.1 \sim 10.4$ mm/10a(55.6%的站点$P<0.05$),其中波密增幅最大(未通过显著性检验),帕里次之(7.9 mm/10a,$P<0.01$),狮泉河最小;那曲地区增幅为$5.0 \sim 7.0$ mm/10a($P<0.05$),昌都市北部增幅为$4.4 \sim 8.7$ mm/10a($P<0.05$)。夏季(图2.21(b)),那曲地区中西部、狮泉河、拉萨、浪卡子、隆子和林芝等地降水量呈增加趋势,增幅为$0.6 \sim 9.5$ mm/10a,增幅以申扎最大($P<0.10$),其次是班戈(8.5 mm/10a,$P<0.10$),狮泉河最小;其他各地表现为减少趋势,减幅为$-0.7 \sim -12.8$ mm/10a(均未通过显著性检验),其中丁青减幅最大,波密次之(-10.9 mm/10a),嘉黎最小。秋季(图2.21(c)),降水量趋于减小的站点,主要分布在日喀则市、山南市和阿里地区西部,减幅为$-0.2 \sim -2.2$ mm/10a(均未通过显著性检验),以江孜减幅最大;其他站点降水量表现为不同程度的增加趋势,增幅为$0.7 \sim 8.2$ mm/10a,以嘉黎增幅最大($P<0.01$),其次是丁青(7.9 mm/10a,$P<0.05$),拉萨和申扎增幅最小。冬季(图2.21(d)),降水量仅在日喀则站表现为较弱的减少趋势(-0.1 mm/10a),其余各站均表现为增加趋势,但增幅不大,为$0.1 \sim 1.7$ mm/10a,其中帕里最大($P<0.05$),波密和索县次之(1.4 mm/10a),江孜最小;仅那曲地区中西部通过了显著性检验($P<0.05$)。

1981—2016年,就西藏7个地(市)平均年降水量的变化趋势(图2.22)而言,林芝市呈减少趋势,平均每10年减少4.6 mm;其余地(市)降水趋于增加,增幅为$3.4 \sim 19.4$ mm/10a,其中拉萨市增幅最大(19.4 mm/10a),其次是山南市,为19.2 mm/10a;日喀则市增幅最小,每10年仅增加3.4 mm;阿里地区、那曲地区和昌都市依次为7.9 mm/10a、15.1 mm/10a和12.3 mm/10a。与1981—2015年比较,林芝市降水减少趋势变缓,其他地(市)降水增幅均有所加大。

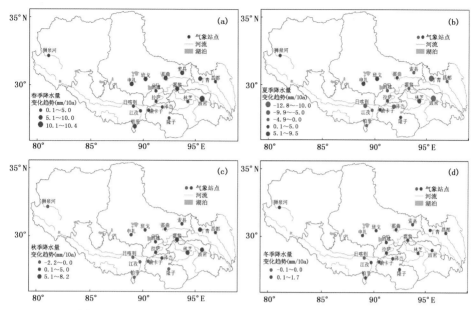

图 2.21　1961—2016 年西藏地表四季降水量变化趋势空间分布
(a)春季,(b)夏季,(c)秋季,(d)冬季

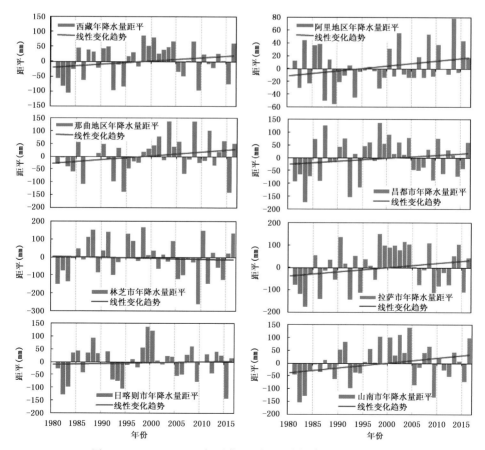

图 2.22　1981—2016 年西藏地(市)平均年降水量距平变化

（2）拉萨站

1952—2016 年,拉萨国家基本站年降水量总趋势趋于增加,平均每 10 年增加 5.2 mm(图 2.23,表 2.14),较 1952—2015 年的增幅(3.2 mm/10a)偏大,主要表现在春、秋两季。近 36 年 (1981—2016 年)降水量增幅明显,为 34.5 mm/10a(P＜0.05),以夏季增幅最突出。1991 年以来,拉萨年降水量增幅变小,为 8.0 mm/10a,主要由于秋季降水量减少,抵扣了夏季降水量增加的效应。2016 年,拉萨站年降水量为 551.9 mm,较常年值偏多 113.3 mm,为 1952 年以来第 8 个多雨年。

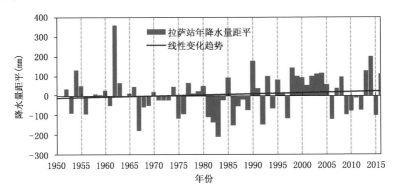

图 2.23　1952—2016 年拉萨年降水量距平变化

表 2.14　拉萨降水量的变化趋势(mm/10a)

时间段(年)	年	春季	夏季	秋季	冬季
1952—2016	5.2	3.2	0.0	1.9	0.6
1981—2016	34.5*	5.5	34.0*	−5.0	0.1
1991—2016	8.0	3.3	20.9	−16.3*	0.2

注:*,**,***分别表示通过 0.05,0.01 和 0.001 显著性检验水平。

（3）昌都站

1953—2016 年,昌都国家基准站年降水量总体上呈增加趋势,平均每 10 年增加 3.1 mm (图 2.24,表 2.15),较 1953—2015 年的增幅(2.7 mm/10a)偏大。近 36 年(1981—2016 年)降水量增幅为 10.3 mm/10a,但近 26 年(1991—2016)降水量呈减少趋势,为−8.8 mm/10a。就四季降水量的变化趋势而言,春季降水量在不同时段内均表现为增加趋势。近 64 年来,夏季降水量总体上趋于减少,特别是近 26 年减幅较大,为−19.5 mm/10a。1953 年至今,秋季降水量倾向于增加趋势,这种态势在近 26 年表现得更突出。冬季降水量在过去 64 年里呈弱的减少趋势,不过近 26 年冬季降水略有增加。

表 2.15　昌都降水量的变化趋势(mm/10a)

时间段(年)	年	春季	夏季	秋季	冬季
1953—2016	3.1	2.6	−1.9	2.6	−0.2
1981—2016	10.3	3.1	8.2	−0.6	−0.3
1991—2016	−8.8	3.9	−19.5	6.1	0.8

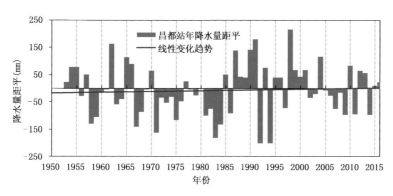

图 2.24　1953—2016 年昌都年降水量距平变化

2016 年,昌都站年降水量为 512.7 mm,较常年值偏多 23.4 mm,是 1953 年以来的第 26 个多雨年,也是 2001 年以来的第 6 个多雨年。

2.1.4.2　降水日数

1961—2016 年,西藏平均降水量≥0.1mm 年降水日数呈弱的增加趋势(图 2.25,表 2.16),平均每 10 年增加 0.2 d,主要表现在春季(0.7 d/10a,$P<0.05$);夏、秋季两季降水日数趋于减少。近 36 年(1981—2016 年)西藏平均年降水日数增加趋势略有加大,为 0.6 d/10a,主要表现在夏季;冬季降水日数呈显著减少趋势,减幅为 −0.8 d/10a($P<0.05$)。2016 年,西藏平均年降水日数为 119.6 d,比常年值(117.8 d)偏多 1.8 d。

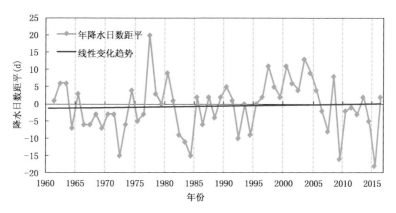

图 2.25　1961—2016 年西藏年降水日数距平变化

表 2.16　西藏降水日数的变化趋势(d/10a)

时间段(年)	年	春季	夏季	秋季	冬季
1961—2016	0.2	0.7*	−0.4	−0.3	0.1
1981—2016	0.6	0.4	1.1	−0.2	−0.8*

注:* 表示通过 0.05 显著性检验水平。

根据 1961—2016 年西藏站点降水量≥0.1 mm 年降水日数分析发现(图 2.26),沿雅江一线、林芝市、狮泉河和帕里等站表现为减少趋势,减幅为 −0.2~−3.0 d/10a,以波密减幅最大($P<0.01$),其次是浪卡子,为 −1.6 d/10a,帕里减幅最小;其他各站呈增加趋势,增幅为 0.2

～4.3 d/10a(3 个站 $P<0.05$),其中班戈增幅最大($P<0.01$),那曲次之,为 2.7 d/10a($P<0.01$),隆子增幅最小。

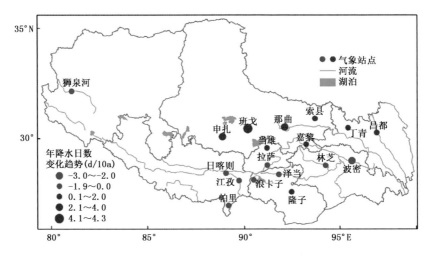

图 2.26 1961—2016 年西藏年降水日数变化趋势空间分布

从 1961—2016 年西藏站点降水量≥0.1 mm 四季降水日数变化趋势空间分布来看,春季(图 2.27(a)),降水日数仅在狮泉河表现为减少趋势(−0.3 d/10a),波密无变化;其他各站呈增加趋势,增幅为 0.1～1.9 d/10a(4 个站 $P<0.05$),以班戈增幅最大($P<0.01$),那曲次之,为 1.7 d/10a($P<0.01$),林芝增幅最小。夏季(图 2.27(b)),那曲地区大部降水日数趋于增

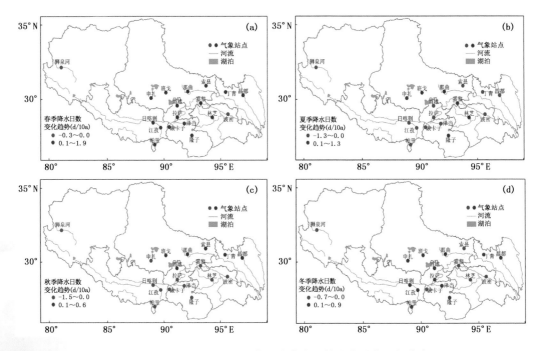

图 2.27 1961—2016 年西藏四季降水日数变化趋势空间分布

(a)春季,(b)夏季,(c)秋季,(d)冬季

加,增幅为 0.1～1.3 d/10a,以班戈增幅最大,其次是申扎,为 0.4 d/10a,那曲增幅最小;林芝、当雄和隆子、波密无变化;其他各站呈减少趋势,减幅为－0.1～－1.3 d/10a(波密和帕里站 P <0.01),以江孜减幅最大,其次是波密(－1.2 d/10a),昌都减幅最小。秋季(图 2.27(c)),降水日数趋于增加的站点分布在昌都市北部、索县、那曲、班戈和当雄等地,增幅为 0.1～0.6 d/10a,以那曲增幅最大;其他各站呈减少趋势,减幅为－0.1～－1.5 d/10a(浪卡子和林芝站 P <0.01),以浪卡子减幅最大,林芝次之(－1.3 d/10a),申扎和狮泉河减幅最小。冬季(图 2.27(d)),那曲地区东部、林芝市和狮泉河等地的降水日数表现为减少趋势,减幅为－0.1～－0.7 d/10a,以波密减幅最大(P <0.05),其次是申扎,为－0.6 d/10a,索县减幅最小;日喀则基本无变化;其他各站呈增加趋势,增幅为 0.1～0.9 d/10a(班戈、申扎和隆子 3 个站 P <0.05),以班戈增幅最大,申扎次之(0.4 d/10a),江孜增幅最小。

2.1.5　日照时数

2.1.5.1　年日照时数

1961—2016 年,西藏平均年日照时数呈减少趋势(图 2.28,表 2.17),平均每 10 年减少 6.9 h,明显比全国平均年日照时数减幅(－35.4 h/10a)偏小,西藏日照时数减少主要体现在夏季(－4.2 h/10a),而冬季日照时数呈增加趋势(2.9 h/10a,P <0.05)。近 36 年(1981—2016 年)西藏年日照时数减少趋势明显,平均每 10 年减少 37.5 h(P <0.01),主要表现在夏季,减幅为－16.7 h/10a(P <0.01)。

2016 年,西藏平均年日照时数 2 531.6 h,较常年值偏少 204.0 h,是 1961 年以来最少的年份。

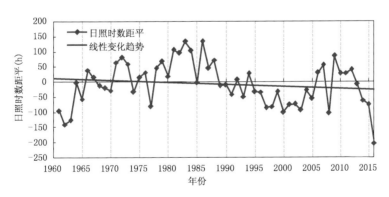

图 2.28　1961—2016 年西藏平均年日照时数距平变化

表 2.17　西藏年日照时数的变化趋势(h/10a)

时间段(年)	年	春季	夏季	秋季	冬季
1961—2016	－6.9	－1.7	－4.2	0.1	2.9*
1981—2016	－37.5***	－7.9**	－16.7**	－6.6	3.3

注:*,**,***分别表示通过 0.10,0.05 和 0.01 显著性检验水平。

就西藏平均而言(图 2.29),年日照时数在 10 年际尺度上,20 世纪 60 年代偏少,为近 50 年最少的 10 年;70—80 年代转为正距平,且 80 年代是近 50 年来最多的 10 年;90 年代至 21 世纪初又变为负距平,但减幅小于 20 世纪 60 年代。在 30 年际尺度上,1981—2010 年平均值与 1961—1990 年和 1971—2000 年平均值比较,分别偏少 16.5 h 和 16.8 h。

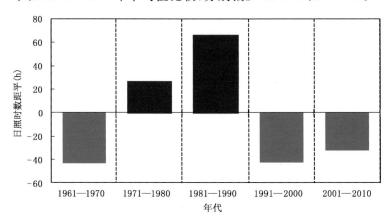

图 2.29　1961—2010 年西藏年日照时数距平的年代际变化

　　从 1961—2016 年西藏年日照时数变化趋势的空间分布来看(图 2.30),近 56 年林芝市、泽当、浪卡子、日喀则、江孜、那曲、班戈和索县等地年日照时数表现为减少趋势,为 −2.9～−73.5 h/10a,以班戈减幅最大,为 −73.5 h/10a($P<0.001$),那曲次之,为 −51.2 h/10a($P<0.01$),江孜减幅最小。其他各站年日照时数表现为增加趋势,增幅为 1.3～43.6 h/10a,其中嘉黎增幅最大,为 43.6 h/10a($P<0.01$);其次是丁青,为 33.1 h/10a($P<0.05$);当雄增幅最小。

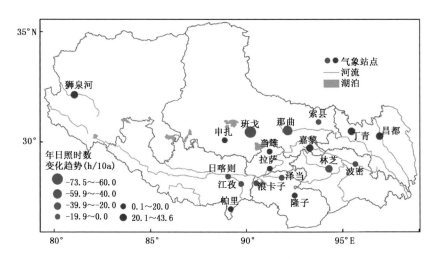

图 2.30　1961—2016 年西藏年日照时数变化趋势空间分布

2.1.5.2　季日照时数

　　从四季日照时数的变化趋势来看,春季(图 2.31(a))有 6 个站点日照时数呈增加趋势,主要发生在昌都、嘉黎、申扎、拉萨和狮泉河等地,增幅为 4.5～11.8 h/10a,以昌都增幅最大($P<0.05$);江孜、隆子增减幅度不大(±1.0 h/10a 以内);其他站点日照时数表现为减少趋势,为 −1.7～−21.8 h/10a,以班戈减幅最大($P<0.001$),那曲次之,为 −16.7 h/10a($P<$

0.001)。夏季(图 2.31(b)),昌都、丁青、拉萨、申扎、嘉黎 5 个站日照时数呈增加趋势,为 1.2～5.1 h/10a,以丁青增幅明显;隆子、当雄和狮泉河基本无变化(±1.0 h/10a 以内);其他各地表现为减少趋势,减幅为 2.0～29.9 h/10a,其中班戈减幅最大(P<0.001),其次是那曲,平均每 10a 减少 15.3 h(P<0.01)。秋季(图 2.31(c)),昌都市北部、嘉黎、申扎、狮泉河、帕里、泽当和隆子等 9 个站日照时数呈增加趋势,为 1.8～15.4 h/10a,以嘉黎增幅最大(P<0.001);当雄、拉萨、江孜基本无变化;其他各站呈现为减少趋势,为-2.8～-15.7 h/10a,其中班戈减幅最大(P<0.001),那曲次之,减少了 8.7 h/10a(P<0.05)。冬季(图 2.31(d)),那曲、班戈、日喀则、江孜等 4 个站点的日照时数呈减少趋势(均通过 0.10 以上显著检验水平),为-1.0～-11.5 h/10a,其中那曲减幅最大(P<0.01);拉萨、浪卡子和波密基本无变化;其他各站呈增加趋势,增幅为 1.6～13.0 h/10a,以昌都增幅最大(P<0.001),嘉黎次之(12.4 h/10a,P<0.001),林芝增幅最小。

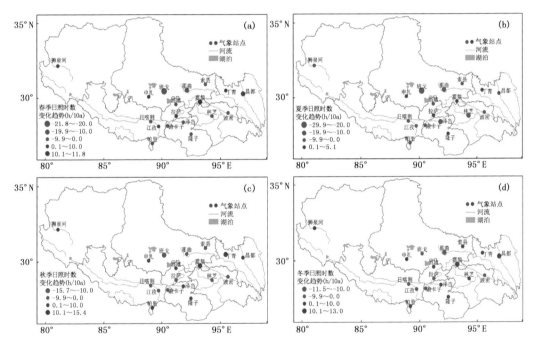

图 2.31　1961—2016 年西藏四季日照时数变化趋势空间分布
(a)春季,(b)夏季,(c)秋季,(d)冬季

2.1.6　云量

2.1.6.1　年平均总云量

1961—2016 年,西藏年平均总云量呈显著减少趋势(图 2.32,表 2.18),平均每 10 年减少 0.11 成(P<0.001),四季均表现为减少趋势,以冬季最明显。近 36 年来,西藏年平均总云量仍为减少趋势,主要表现在冬、春两季,平均每 10 年分别减少 0.24 成(P<0.01)和 0.15 成(P<0.01)。2016 年,西藏平均总云量 5.5 成,比常年值(5.3 成)偏多 0.2 成。

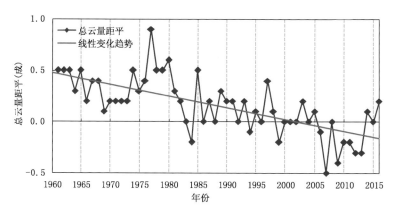

图 2.32　1961—2016 年西藏年平均总云量距平变化

表 2.18　西藏年平均总云量变化趋势（成/10a）

时间段（年）	年	春季	夏季	秋季	冬季
1961—2016	−0.11***	−0.12***	−0.10**	−0.10**	−0.15***
1981—2016	−0.10**	−0.15**	0.0	−0.02	−0.24**

注：*，**，*** 分别表示通过 0.05,0.01 和 0.001 显著性检验水平。

　　在 10 年际变化尺度上，20 世纪 60—70 年代西藏平均总云量偏多，80—90 年代总云量正常，进入 21 世纪后，总云量略偏少。

　　根据对 1961—2016 年西藏年平均总云量变化趋势空间分布的分析来看（图 2.33），近 56 年西藏各站总云量均表现为减少趋势，为 −0.03～−0.25 成/10a（15 个站 $P<0.05$），其中江孜减幅最大（$P<0.001$）；其次是索县，为 −0.22 成/10a（$P<0.001$）；狮泉河减幅最小。

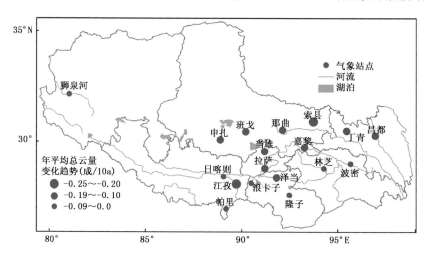

图 2.33　1961—2016 年西藏年平均总云量变化趋势空间分布

2.1.6.2　季平均总云量

　　从近 56 年季平均总云量变化趋势的地域分布来看，冬、春两季西藏各站都表现为不同程度的减少趋势（图 2.34(a)(d)），分别为 −0.03～−0.29 成/10a（15 个站 $P<0.05$）和 −0.02

～－0.32成/10a(10个站 $P<0.05$),其中冬季以索县减幅最大($P<0.001$),春季以江孜减幅最大($P<0.001$)。夏季(图 2.34(b)),除狮泉河以 0.02 成/10a 的速度呈增多趋势、丁青无变化外,其余各站均为减少趋势,平均每 10 年减少 0.03～0.34 成(9 个站 $P<0.05$),仍以江孜减幅最大($P<0.001$)。而秋季(图 2.34(c)),平均总云量仅在狮泉河站表现为增多趋势(0.02成/10a),其余各站均为减少趋势,平均每 10 年减少 0.01～0.19 成(8 个站 $P<0.05$),以江孜、申扎减幅最大($P<0.01$)。

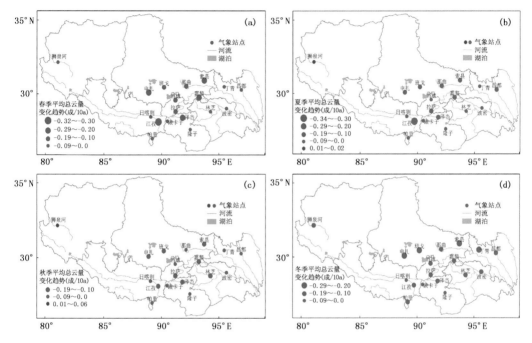

图 2.34　1961—2016 年西藏四季平均总云量变化趋势空间分布
(a)春季,(b)夏季,(c)秋季,(d)冬季

2.1.7　蒸发量

2.1.7.1　年蒸发量

1961—2016 年,西藏平均年蒸发皿蒸发量呈明显减小趋势(图 2.35,表 2.19),平均每 10 年减少 17.5 mm,较 1961—2015 年的减幅(－16.4 mm/10a)偏大。四季蒸发量都在减小,尤其是春季,减幅最明显,为－9.7 mm/10a($P<0.05$)。近 36 年来,西藏年蒸发量减小趋势有所加大,这主要因为春、夏、秋 3 个季节的蒸发量都在减小而引起的,特别是夏季,减幅最为明显,为－10.9 mm/10a。2016 年,西藏平均年蒸发量为 1 792.1 mm,较常年值偏低 158.9 mm。

表 2.19　西藏年蒸发皿蒸发量变化趋势(mm/10a)

时间段(年)	年	春季	夏季	秋季	冬季
1961—2016	－17.5	－9.7*	－4.0	－2.3	－1.4
1981—2016	－18.3	－8.3	－10.9	－4.2	4.5

注:*,**,*** 分别表示通过 0.05,0.01 和 0.001 显著性检验水平。

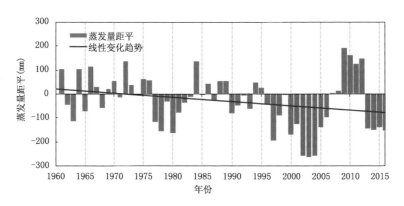

图 2.35　1961—2016 年西藏年蒸发皿蒸发量距平变化

　　西藏年蒸发量在 10 年际变化尺度上(图 2.36),20 世纪 60—80 年代为正距平,90 年代至 21 世纪初为负距平;近 30 年呈明显的逐年代减少趋势。在近 50 年里,20 世纪 60 年代是最高的 10 年,21 世纪头 10 年是最少的 10 年。在 30 年际变化尺度上,1981—2010 年平均值较 1961—1990 年和 1971—2000 年平均值分别偏少 42.5 mm 和 19.5 mm,表现出逐年代际递减的变化特征。

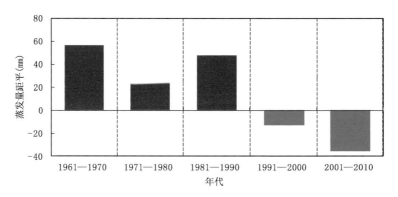

图 2.36　1961—2010 年西藏年蒸发皿蒸发量距平年代际变化

　　从 1961—2016 年西藏年蒸发量变化趋势空间分布来看(图 2.37),在狮泉河、帕里、拉萨、索县、丁青、昌都和林芝 7 个站上呈增加趋势,增幅为 0.6~22.0 mm/10a,以狮泉河最大、索县最小;其他 11 个站点表现为不同程度的减少趋势,平均每 10 年减少 10.2~65.1 mm(7 个站 $P<0.05$),以浪卡子减幅最明显,为 -65.1 mm/10a($P<0.001$);申扎次之,为 -61.9 mm/10a($P<0.001$)。

2.1.7.2　季蒸发量

　　就 1961—2016 年西藏四季蒸发量变化趋势空间分布而言,春季(图 2.38(a)),狮泉河、帕里、拉萨和林芝 4 个站以 1.6~9.5 mm/10a 的速率呈增加趋势,其中狮泉河增幅最大;其他各站呈减少趋势,减幅为 -2.6~-28.6 mm/10a(7 个站 $P<0.05$),以申扎减幅最大($P<0.001$),那曲次之(-25.0 mm/10a,$P<0.001$),昌都减幅最小。夏季(图 2.38(b)),狮泉河、帕里、拉萨、泽当、林芝、索县和丁青 7 个站蒸发量表现为增加趋势,增幅为 0.7~15.9 mm/10a(拉萨最大,帕里最小);其他站点为减少趋势,平均每 10 年减少 1.4~27.6 mm(7 个站 $P<$

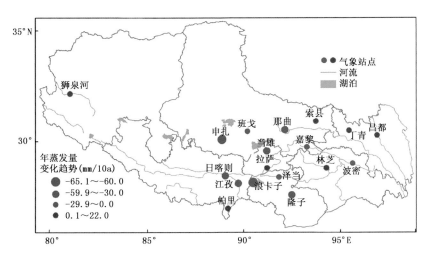

图 2.37　1961—2016 年西藏年蒸发皿蒸发量变化趋势空间分布

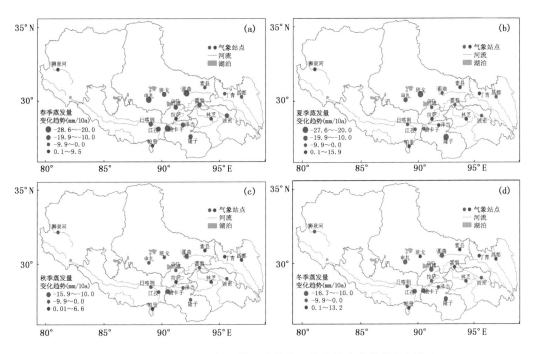

图 2.38　1961—2016 年西藏四季蒸发皿蒸发量变化趋势空间分布
(a)春季,(b)夏季,(c)秋季,(d)冬季

0.05),以隆子减幅最大($P<0.001$),其次是班戈,为-21.2 mm/10a($P<0.01$),当雄减幅最小。秋季(图 2.38(c)),昌都、丁青、索县、拉萨、帕里和林芝 6 个站蒸发量为增加趋势,增幅为 1.2~6.6 mm/10a(拉萨最大、丁青最小);狮泉河基本无变化;其余各站呈减少趋势,减幅为 1.9~15.9 mm/10a(浪卡子、那曲和班戈 3 个站 $P<0.05$),以浪卡子最大、丁青最小。冬季(图 2.38(d)),蒸发量表现为上升趋势的有 7 个站,主要分布在昌都市北部、那曲地区东部,增幅为 3.8~13.2 mm/10a,其中昌都增幅最大($P<0.001$),林芝最小;其他各地以-1.8~

−16.7 mm/10a 的速度减少(10 个站 $P<0.05$),以浪卡子减幅最大($P<0.05$),那曲次之($−13.8$ mm/10a,$P<0.01$),波密减幅最小。

2.1.8 相对湿度

2.1.8.1 年平均相对湿度

1961—2016 年,西藏年平均相对湿度呈"减—增—减"的年际变化(图 2.39)。20 世纪 60 年代至 90 年代初,西藏相对湿度偏小;90 年代中期至 21 世纪最初的 6 年湿度偏大,之后湿度趋于减小。从线性变化趋势来看,近 56 年西藏年平均相对湿度呈现出减小趋势(表 2.20),主要是由于夏、秋两季相对湿度减小引起的;而近 36 年来,西藏一年四季平均相对湿度均表现出不同程度的减小趋势。2016 年,西藏年平均相对湿度为 47%,比常年值偏低 5%,仍处在干燥期。

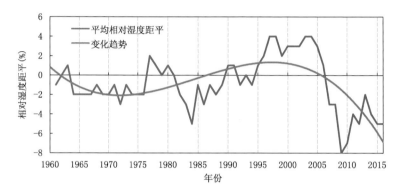

图 2.39 1961—2016 年西藏年平均相对湿度距平变化

表 2.20 西藏平均相对湿度变化趋势(%/10a)

时间段(年)	年	春季	夏季	秋季	冬季
1961—2016	−0.12	0.40	−0.77**	−0.53	0.43
1981—2016	−0.07	−0.01	−0.07	−0.10	−0.12

注:*,**,*** 分别表示通过 0.05,0.01 和 0.001 显著性检验水平。

根据分析 1961—2016 年西藏各站年平均相对湿度变化趋势来看(图 2.40),近 56 年申扎、江孜、隆子、索县和丁青 5 个站年平均相对湿度呈增加趋势,增幅为 0.1%～0.8%/10a,其中江孜增幅最大($P<0.05$)。其他各站表现为不同程度的减小趋势,平均每 10 年减小 0.1%～1.7%,以拉萨减幅最大($P<0.001$)。

2.1.8.2 季平均相对湿度

从近 56 年西藏各站季平均相对湿度变化趋势空间分布来看,春季(图 2.41(a)),除狮泉河、拉萨、林芝和波密以−0.1%～−0.8%/10a 的速度呈减小趋势外,其他站点均呈现出一致的增大趋势,平均每 10 年增大 0.1%～1.4%,其中那曲地区中西部增幅在 1.0%/10a 以上($P<0.10$)。夏季(图 2.41(b)),各站平均相对湿度均呈现出减小趋势,为−0.3%～−2.2%/10a,其中拉萨减幅最大($P<0.01$),日喀则和那曲减幅为−1.2%/10a 左右($P<0.01$)。秋季(图 2.41(c)),平均相对湿度仅出现在林芝和丁青 2 个站为增加趋势,增幅分别 0.11%/10a 和

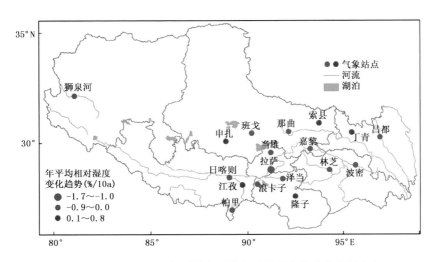

图 2.40　1961—2016 年西藏年平均相对湿度变化趋势空间分布

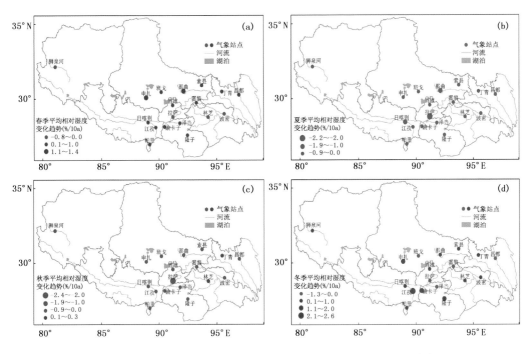

图 2.41　1961—2016 年西藏四季平均相对湿度变化趋势空间分布
（a）春季，（b）夏季，（c）秋季，（d）冬季

0.26%/10a；其他各地均呈减小趋势，平均每 10 年减小 0.1%～2.4%，以拉萨减幅最大（$P<$ 0.001）。冬季（图 2.41（d）），拉萨、泽当、昌都、班戈和嘉黎 5 个站相对湿度呈减小趋势，减幅为 −0.3%～−1.3%/10a，仍以拉萨减幅最大（$P<0.001$）；其他站点均趋于增大，增幅为 0.1%～2.6%/10a（4 个站 $P<0.05$），以江孜增幅最大（$P<0.001$）；其次是申扎，为 2.0%/10a （$P<0.001$）。

2.1.9 平均风速

2.1.9.1 年平均风速

1961—2016年,西藏年平均风速呈减小趋势(图2.42,表2.21),平均每10年减小0.08 m/s,比全国平均风速减幅(—0.13(m/s)/10a)偏小。西藏平均风速变小主要表现在夏季,减幅为—0.12 (m/s)/10a($P<0.001$)。1981—2016年,西藏年平均风速减小更明显,减幅为—0.14 (m/s)/10a,尤其是夏季,减幅达—0.23 (m/s)/10a($P<0.001$)。2016年,西藏年平均风速为2.4 m/s,比常年值(2.3 m/s)略大。

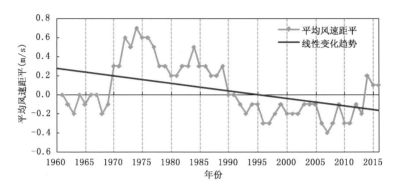

图2.42 1961—2016年西藏年平均风速距平变化

表2.21 西藏平均风速变化趋势[(m/s)/10a]

时间段(年)	年	春季	夏季	秋季	冬季
1961—2016	—0.08***	—0.08*	—0.12***	—0.06**	—0.07***
1981—2016	—0.13***	—0.10*	—0.23***	—0.13***	—0.09**

注:*,**,***分别表示通过0.05,0.01和0.001显著性检验水平。

通过对1961—2016年西藏年平均风速变化趋势分析(图2.43),结果表明,近56年班戈、索县和帕里平均风速呈增加趋势,但增幅不大,为0.02~0.06 (m/s)/10a;其他各站均呈变小趋势,减幅为—0.03~—0.27 (m/s)/10a(11个站 $P<0.05$),其中泽当减幅最大,狮泉河次之,为—0.18 (m/s)/10a。

2.1.9.2 季平均风速

从近56年西藏各站季平均风速年际变化趋势来看,春季(图2.44(a)),只有帕里站为增加趋势,增幅0.06 (m/s)/10a;索县平均风速基本无变化;其他各站均呈不同程度的减小趋势,为—0.02~—0.39 (m/s)/10a(12个站 $P<0.05$),以泽当减幅最大($P<0.001$),其次是那曲,为—0.24 (m/s)/10a($P<0.001$)。夏季(图2.44(b)),仅帕里站平均风速呈增加趋势,为0.06 (m/s)/10a;拉萨、班戈、日喀则和索县4个站基本无变化;其他各站表现为减少趋势,平均每10年减少0.02~0.23 m/s(9个站 $P<0.05$),以泽当减幅最大($P<0.001$)。秋季(图2.44(c)),帕里、班戈和索县平均风速为增加趋势,增幅为0.02~0.05 (m/s)/10a(索县增幅最大);日喀则无变化;其他各站均以每10年0.03~0.25 m/s的速度减少(10个站 $P<$

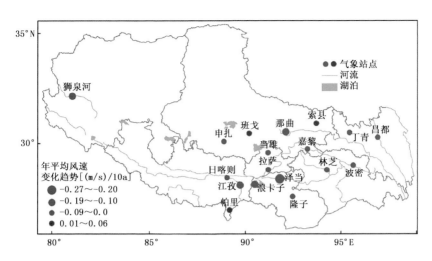

图 2.43 1961—2016 年西藏年平均风速变化趋势空间分布

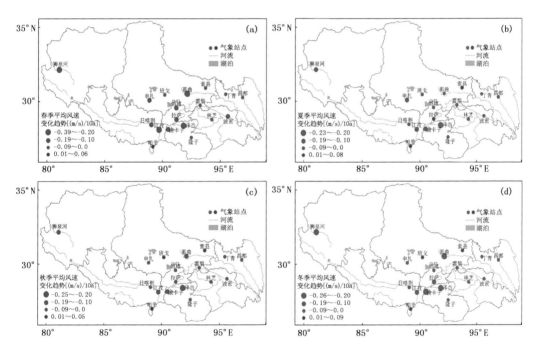

图 2.44 1961—2016 年西藏四季平均风速变化趋势空间分布
(a)春季,(b)夏季,(c)秋季,(d)冬季

0.05),仍以泽当减幅最大($P<0.001$)。冬季(图 2.44(d)),平均风速趋于增加的站点分布在帕里、班戈和索县 3 个站,增幅为 0.06~0.09 (m/s)/10a,以班戈增幅最大;昌都无变化;其他各站为减少趋势,为 -0.01~-0.26 (m/s)/10a(9 个站 $P<0.05$),以狮泉河减幅最大($P<0.001$),其次是泽当,为 -0.25(m/s)/10a($P<0.001$)。

2.1.10 积温

2.1.10.1 ≥0 ℃初日

1961—2016年,西藏≥0 ℃初日呈显著的提早趋势,平均每10年提早2.5 d($P<0.001$,图2.45(a)),特别是近36年(1981—2016年),每10年提早了4.7 d($P<0.001$);在不同海拔高度上,初日均表现为提早的趋势。其中,海拔4 500 m以上地区提早趋势最为明显(图2.45(b)),平均每10年提早4.3 d($P<0.001$);海拔3 200~4 500 m的中等海拔地区提早趋势为1.8 d/10a($P<0.001$,图2.45(c));海拔3 200 m以下地区提早趋势也明显(图2.45(d)),平均每10年提早4.2 d($P<0.001$)。

2016年,西藏≥0 ℃平均初日为3月10日,是1961年以来最早的年份,较常年值提早了20 d。

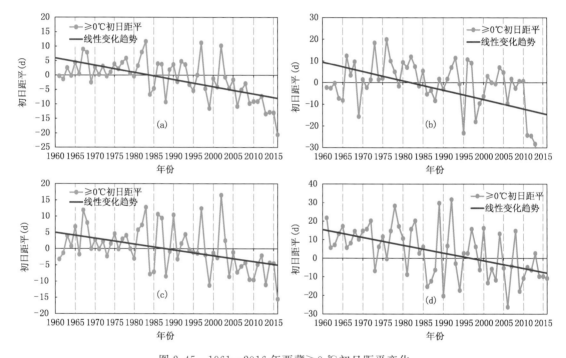

图2.45 1961—2016年西藏≥0 ℃初日距平变化

(a)全区,(b)海拔4 500m以上地区,(c)海拔3 200~4 500 m地区,(d)海拔3 200 m以下地区

从近56年西藏≥0 ℃初日变化趋势空间分布来看(图2.46),除嘉黎、隆子、帕里基本无变化外,其他各地≥0 ℃初日均表现为一致的提早趋势,平均每10年提早了1.0~7.3 d(66%的站点 $P<0.05$),以泽当提早最为显著,其次是申扎,为−5.2 d/10a($P<0.001$)。

2.1.10.2 ≥0 ℃终日

1961—2016年,西藏≥0℃终日表现为显著的推迟趋势,平均每10年推迟2.2 d($P<0.001$,图2.47(a)),近36年(1981—2016年)推迟更明显,平均每10年推迟4.1 d($P<0.001$);在不同海拔高度上,≥0 ℃终日都表现为推迟趋势。其中,海拔4 500 m以上地区推迟最为明显(图2.47(b)),平均每10年推迟8.1 d($P<0.001$);海拔3 200~4 500 m的中海拔

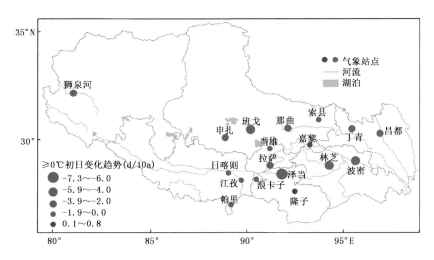

图 2.46　1961—2016 年西藏≥0 ℃初日变化趋势的空间分布

地区每 10 年推迟 3.4 d(P<0.001,图 2.47(c));海拔 3 200 m 以下地区推迟幅度不及上述两个地区,平均每 10 年推迟 2.8 d(P<0.001,图 2.47(d))。这表明,≥0 ℃终日高海拔地区比低海拔地区推迟的幅度要大。

2016 年,西藏平均≥0 ℃终日为 11 月 15 日,是 1961 年以来最晚的年份,较常年值偏晚 15 d。

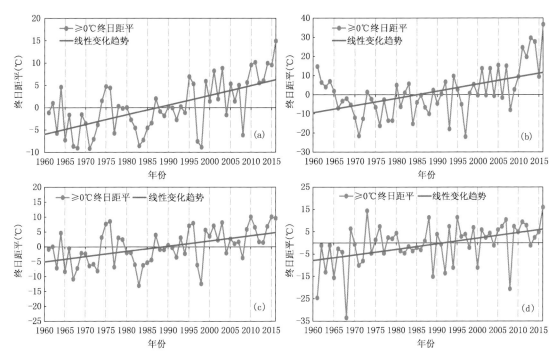

图 2.47　1961—2016 年西藏≥0 ℃终日距平变化

(a)全区,(b)海拔 4 500m 以上地区,(c)海拔 3 200～4 500 m 地区,(d)海拔 3 200 m 以下地区

从近 56 年西藏≥0 ℃终日变化趋势地域分布来看(图 2.48),嘉黎、隆子、帕里、林芝基本

无变化,其他各地≥0 ℃终日都呈现为推迟的趋势,平均每10年推迟1.5～5.4 d(61%的站点 $P<0.05$),仍以泽当推迟最多,其次是拉萨,为5.2 d/10a($P<0.001$)。

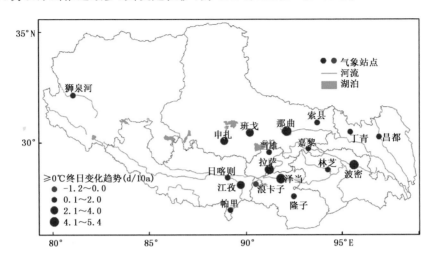

图 2.48　1961—2016 年西藏≥0 ℃终日变化趋势空间分布

2.1.10.3　≥0 ℃间隔日数

1961—2016 年,西藏≥0 ℃间隔日数呈显著延长趋势,平均每10年延长4.7 d($P<0.001$,图2.49(a)),尤其是近36年(1981—2016 年)每10年延长8.8 d($P<0.001$);在不同海拔高度上,≥0℃间隔日数均呈显著的延长特征。其中,海拔4 500 m 以上地区延长趋势最为

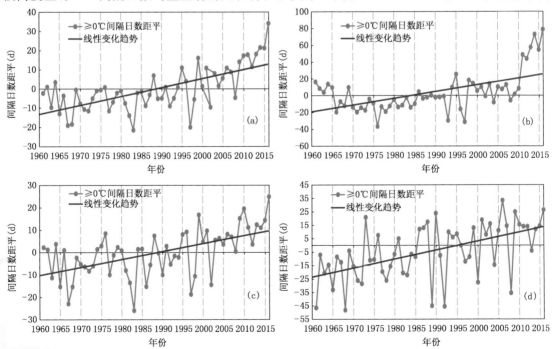

图 2.49　1961—2016 年西藏≥0 ℃间隔日数距平变化

(a)全区,(b)海拔 4 500m 以上地区,(c)海拔 3 200～4 500 m 地区,(d)海拔 3 200 m 以下地区

明显(图2.49(b)),平均每10年延长17.4 d(P<0.001);海拔3 200～4 500 m的中等海拔地区延长率为7.2 d/10a(P<0.001,图2.49(c));海拔3 200 m以下地区平均每10年延长6.6 d(P<0.001,图2.49(d))。这表明,≥0 ℃间隔日数增幅随着海拔高度的升高而增大。

2016年,西藏平均≥0 ℃间隔日数为250 d,是1961年以来最长的年份,较常年值延长了34 d。

从1961—2016年西藏≥0 ℃间隔日数变化趋势空间分布来看(图2.50),嘉黎、隆子、浪卡子、帕里基本无变化,其他各地≥0 ℃间隔日数均呈现为延长趋势特征,平均每10年延长3.1～12.7 d(66%的站点 P<0.05),其中泽当延长最多(12.7 d/10a,P<0.001),其次是那曲,为9.0 d/10a(P<0.001)。林芝延长率为5.1～8.3 d/10a,昌都北部延迟率为4.0～4.4 d/10a,那曲地区延迟率为3.7～9.0 d/10a,沿雅江一线延迟率为3.1～12.7 d/10a。

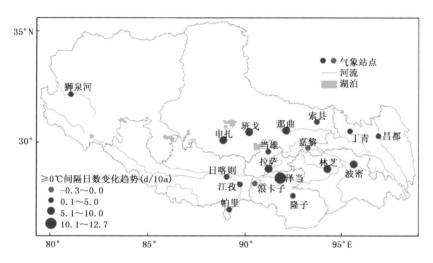

图2.50 1961—2016年西藏≥0 ℃间隔日数变化趋势空间分布

2.1.10.4 ≥0 ℃积温

1961—2016年,西藏≥0 ℃活动积温呈明显增加趋势(图2.51(a)),平均每10年增加60.4 ℃·d,尤其是近36年(1981—2016年),增幅达84.3 ℃·d/10a;在不同海拔高度上,增加特征趋同存异,其中,海拔4 500 m以上地区平均每10年增加49.0 ℃·d(图2.51(b));海拔3 200～4 500 m地区增幅为58.0 ℃·d/10a(图2.51(c));海拔3 200 m以下地区增加幅度最明显,为91.5 ℃·d/10a(图2.51(d))。这表明,≥0 ℃积温的增幅在低海拔地区比高海拔地区明显。

2016年,西藏平均≥0 ℃活动积温为2 275.6 ℃·d,是1961年以来的第3高值年份,较常年值偏高196.4 ℃·d。

从近56年西藏≥0℃积温变化趋势空间分布来看(图2.52),各地均表现为增加趋势,增幅为10.5～148.6 ℃·d/10a(94.4%的站点 P<0.01),以拉萨增幅最大,其次是泽当,为99.8 ℃·d/10a,其中,增幅大于50.0 ℃·d/10a的地区主要分布在沿雅江一线、林芝、阿里地区西部和那曲地区中东部。≥0 ℃积温增加趋势在近36年(1981—2016年)表现更为突出,增幅为35.2～187.7 ℃·d/10a(所有站点 P<0.01,77.8%的站点 P<0.001)。

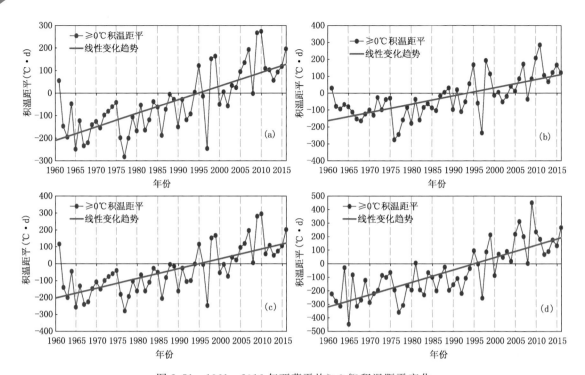

图 2.51 1961—2016 年西藏平均≥0 ℃积温距平变化

(a)全区,(b)海拔 4 500m 以上地区,(c)海拔 3 200～4 500 m 地区,(d)海拔 3 200 m 以下地区

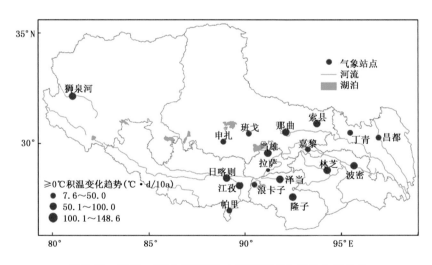

图 2.52 1961—2016 年西藏≥0 ℃积温变化趋势空间分布

2.2 极端气候事件指数

气候变化的影响多通过极端气候事件反映出来,而极端气候与气候平均状态的变化存在差异,这决定了极端气候事件具有独特的研究价值。不断变化的气候可导致极端天气和气候事件的发生频率、强度、空间范围和持续时间发生变化,并能导致前所未有的极端天气和气候

事件。气温和降水作为最基本的气象要素,其极值的变化情况直接影响到自然系统,而高温热浪、致洪暴雨等灾害性极端气温或降水事件更是直接影响到人类社会的生产生活各个方面,所以研究极端气温和极端降水具有重要的理论和实际意义。极端气候事件指数是描述极端事件的重要指标,本公报利用 WMO 定义的极端气候指数(Peterson et al.,2001),通过 RClimDex 软件计算了西藏 20 个极端气候指数,以揭示其近 56 年的变化规律,力求为当地应对气候变化、防灾减灾提供参考,为评估未来气候变化的影响提供基础资料。

2.2.1　极端最高气温和最低气温

1961—2016 年,西藏年极端最高气温(图 2.53(a))和极端最低气温(图 2.53(b))均呈明显升高趋势,平均每 10 年分别升高 0.22 ℃(P<0.001)和 0.65 ℃(P<0.001)。

2016 年,西藏极端最高气温出现在昌都,为 31.8 ℃;极端最低气温出现在那曲,为−29.0 ℃。年内多地气温突破历史极值,其中拉萨、日喀则、改则等 42 站次月平均气温,贡嘎等 34 站次日最高气温创历史同期新高;隆子和南木林日最低气温连续刷新历史同期最低值。

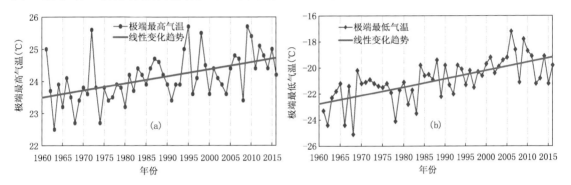

图 2.53　1961—2016 年西藏极端最高气温(a)和极端最低气温(b)的变化

根据 1961—2016 年极端最高气温和最低气温变化趋势空间分布分析发现,极端最高气温(图 2.54(a))除帕里基本无变化外,其余各站均呈升高趋势,升幅为 0.04~0.50 ℃/10a(10 个站 P<0.05),以拉萨升幅为最大(P<0.001)。极端最低气温在所有站上都表现为升高趋势(图 2.54(b)),平均每 10 年上升了 0.01~1.53℃(14 个站 P<0.05),其中那曲升幅最大(P<0.001),其次是班戈,为 1.50 ℃/10a(P<0.01),林芝升温幅度最小。

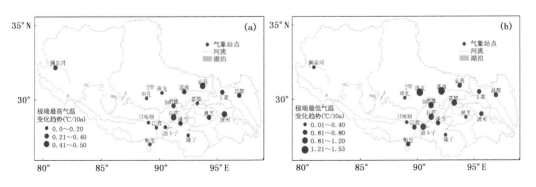

图 2.54　1961—2016 年西藏极端最高气温(a)和极端最低气温(b)变化趋势空间分布

2.2.2 最高气温极小值和最低气温极大值

1961—2016年,西藏年最高气温极小值(图2.55(a))和最低气温极大值(图2.55(b))都表现为明显升高趋势,平均每10年分别升高0.25 ℃(P<0.05)和0.28 ℃(P<0.001)。

2016年,西藏最高气温极小值为−3.0 ℃,较平均值(−4.9 ℃)偏高1.9 ℃,为1961年以来第7高值年份;最低气温极大值为11.8 ℃,较平均值(10.6 ℃)偏高1.2 ℃,为1961年以来第3高值年份。

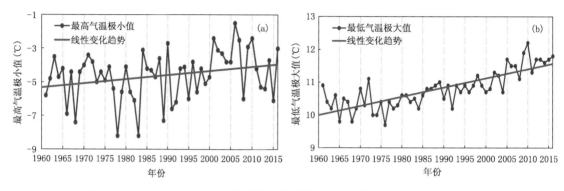

图2.55 1961—2016年西藏最高气温极小值(a)和最低气温最大值(b)的变化

从线性变化趋势空间分布来看,近56年(1961—2016年)年最高气温极小值(图2.56(a))在嘉黎站表现为降低趋势,为−0.11 ℃/10a;其余各站都呈上升趋势,升幅为0.02~0.75 ℃/10a(15个站P<0.05),以那曲升幅最大(P<0.001)。年最低气温极大值在所有站上均表现为升高趋势(图2.56(b)),升幅为0.08~0.72 ℃/10a(除嘉黎外,各站P<0.05),以拉萨升幅最大(P<0.001),泽当次之(0.43 ℃/10a,P<0.001),嘉黎最小。

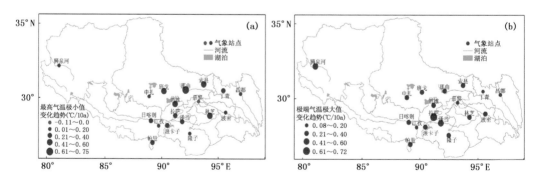

图2.56 1961—2016年西藏最高气温极小值(a)和最低气温极大值(b)变化的空间分布

2.2.3 暖昼日数和冷昼日数

1961—2016年,西藏年暖昼日数呈显著增加趋势(图2.57(a)),增幅为6.9 d/10a(P<0.001),近26年(1991—2016)增幅高达14.9 d/10a(P<0.01);而年冷昼日数呈明显减少趋势(图2.57(b)),平均每10年减少5.3 d(P<0.001),近26年尤为明显,减幅达−9.1 d/10a(P<0.001)。

2016 年,西藏平均年暖昼日数为 79.3 d,较平均值(38.1 d)偏多 41.2 d,为 1961 年以来的第 3 个偏多年份;平均年冷昼日数为 13.8 d,较平均值(38.1 d)偏少 24.3 d,为 1961 年以来的第 3 个偏少年份。

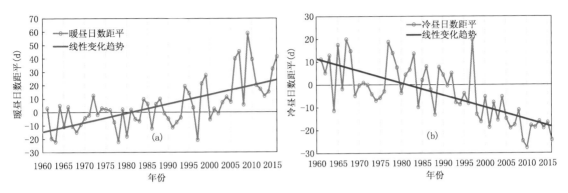

图 2.57 1961—2016 年西藏年暖昼日数距平(a)和冷昼日数距平(b)的变化

从 1961—2016 年西藏年暖昼日数和冷昼日数变化趋势地域分布来看,所有站的年暖昼日数均呈增加趋势(图 2.58(a)),增幅为 0.7~12.8 d/10a(除嘉黎外,各站 $P<0.01$),以拉萨增幅最大($P<0.001$),泽当次之(10.9 d/10a,$P<0.001$),嘉黎增幅最小。而年冷昼日数在各站上都表现为减少趋势(图 2.58(b)),平均每 10 年减少 1.9~8.6 d(除嘉黎外,各站 $P<0.05$),以日喀则减幅最大($P<0.001$),其次是拉萨(-8.2 d/10a,$P<0.001$),嘉黎减幅最小。

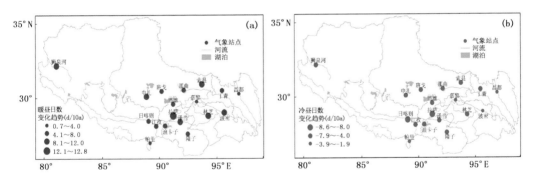

图 2.58 1961—2016 年西藏年暖昼日数(a)和冷昼日数(b)变化空间分布

2.2.4 暖夜日数和冷夜日数

1961—2016 年,西藏年暖夜日数表现出显著增加趋势(图 2.59(a)),增幅为 11.7 d/10a($P<0.001$),近 26 年(1991—2016)增幅更为明显,达 20.4 d/10a($P<0.01$);而年冷夜日数呈明显减少趋势(图 2.59(b)),平均每 10 年减少 8.6 d($P<0.001$),不过近 26 年减幅有所变小,为 -7.4 d/10a($P<0.01$)。

2016 年,西藏平均年暖夜日数为 95.6 d,较平均值(37.2 d)偏多 58.4 d,为 1961 年以来的第 2 个偏多年份;平均年冷夜日数为 11.9 d,较平均值(37.9 d)偏少 26.0 d,为 1961 年以来的第 3 个偏少年份。

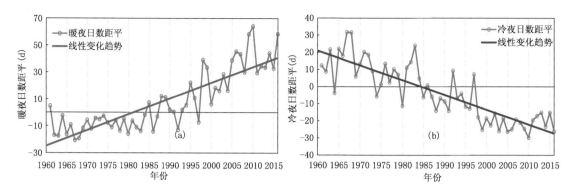

图 2.59　1961—2016 年西藏年暖夜日数距平(a)和冷夜日数距平(b)的变化

根据 1961—2016 年西藏年暖夜日数和冷夜日数变化趋势空间分布分析,结果显示,各站年暖夜日数呈显著增加趋势(图 2.60(a)),增幅为 5.8～20.9 d/10a(各站 $P<0.001$),以拉萨增幅最大($P<0.001$,尤其是近 26 年增幅更明显,高达 36.9 d/10a),泽当次之(15.2 d/10a,$P<0.001$),嘉黎增幅最小(其中,近 26 年增幅达到 17.3 d/10a)。而年冷夜日数在所有站上都表现为一致的减少趋势(图 2.60(b)),平均每 10 年减少 0.5～16.1 d(除隆子未通过显著性检验外,其余各站 $P<0.001$),以拉萨减幅最大($P<0.001$),其次是班戈(-15.1 d/10a,$P<0.001$),隆子减幅最小。

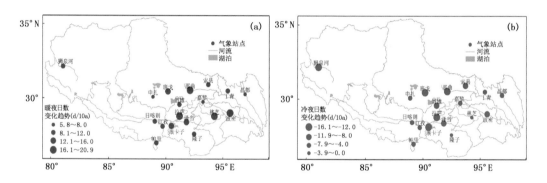

图 2.60　1961—2016 年西藏年暖夜日数(a)和冷夜日数(b)变化趋势空间分布

2.2.5　霜冻日数和冰冻日数

1961—2016 年,西藏平均年霜冻日数(图 2.61(a))和结冰日数(图 2.61(b))均表现为显著减少趋势,平均每 10 年分别减少 4.8 d($P<0.001$)和 3.0 d($P<0.001$);近 26 年(1991—2016 年)霜冻日数和结冰日数的减少幅度更大,分别达到 -6.7 d/10a($P<0.001$)和 -7.4 d/10a($P<0.001$)。

2016 年,西藏平均年霜冻日为 185.4 d,较平均值(207.1 d)偏少 21.7 d,为 1961 年以来的第 3 个偏少年份;平均年结冰日数为 16.4 d,较平均值(34.9 d)偏少 18.5 d,是 1961 年以来的第 2 个偏少年份。

从 1961—2016 年西藏年霜冻日数和结冰日数变化趋势空间分布来看,年霜冻日数在各站上都表现为减少趋势(图 2.62(a)),平均每 10 年减少 1.6～9.5 d(所有站 $P<0.01$),以拉萨减

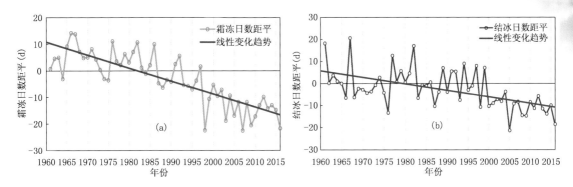

图 2.61　1961—2016 年西藏年霜冻日数距平(a)和结冰日数距平(b)的变化

幅最大($P<0.001$),那曲次之(-8.6 d/10a,$P<0.001$),隆子减幅最小。近 56 年来年结冰日数(图 2.62(b))在林芝、波密、泽当和昌都 4 个站上基本无变化;其他各站均表现为减少趋势,减幅为 $-0.2\sim6.9$ d/10a(10 个站 $P<0.05$),以班戈减幅最大($P<0.001$),申扎次之(-6.5 d/10a,$P<0.001$),拉萨减幅小。

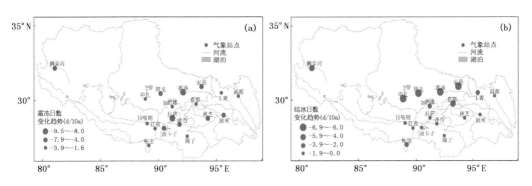

图 2.62　1961—2016 年西藏霜冻日数(a)和结冰日数(b)变化趋势空间分布

2.2.6　生长季长度

1961—2016 年,西藏平均生长季长度呈明显延长趋势(图 2.63),平均每 10 年延长 4.0 d($P<0.001$),尤其是近 36 年(1981—2016 年)生长季长度延长趋势更明显,为 5.5 d/10a。

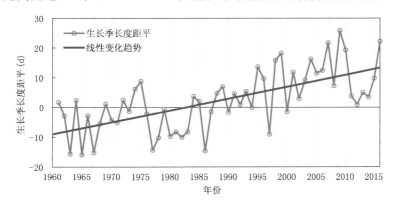

图 2.63　1961—2016 年西藏生长季长度的变化

2016年,西藏平均生长季长度为206.8 d,较平均值(184.6 d)偏多22.2 d,是1961年以来第2个最长年份。

从近56年(1961—2016年)西藏生长季长度变化趋势地域分布(图2.64)来看,除嘉黎表现为弱的缩短趋势(−0.2 d/10a)外,其他各地均呈延长趋势,平均每10年延长了1.0～12.2 d(15个站 P<0.05),以拉萨延长幅度最大(P<0.001),其次是泽当(10.9 d/10a,P<0.001),帕里最小。

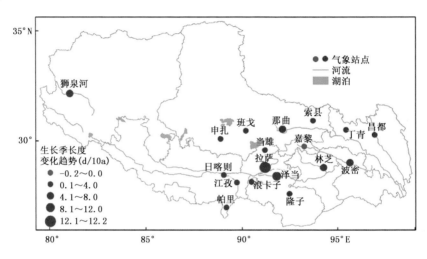

图2.64 1961—2016年西藏生长季长度变化趋势空间分布

2.2.7 1日最大降水量和连续5日最大降水量

1961—2016年,西藏1日最大降水量(图2.65(a))和连续5日最大降水量(图2.65(b))都表现为较弱的增加趋势,增幅分别为0.44 mm/10a和0.12 mm/10a。

2016年,西藏平均1日最大降水量为25.9 mm,比平均值(27.7 mm)偏少1.8 mm。西藏平均连续5日最大降水量为60.4 mm,比平均值(59.8 mm)偏多0.6 mm。其中安多站9月4日降水量达54.2 mm,创有气象记录以来1日最大降水量。此外,林芝、米林等站8站次1日最大降水量均超同期月内1日最大降水量。

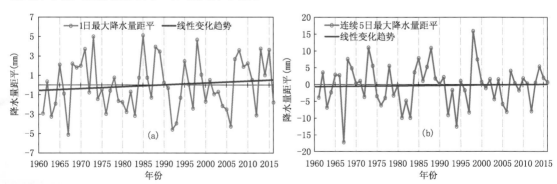

图2.65 1961—2016年西藏1日最大降水量距平(a)和连续5日最大降水量距平(b)的变化

从1961—2016年西藏1日最大降水量和连续5日最大降水量变化趋势空间分布来看,

61%站点的1日最大降水量为增加趋势(图2.66(a))，增幅为0.1～1.7 mm/10a，以帕里增幅最大；其余各站均趋于减少，平均每10年减少0.1～1.6 mm/10a，以当雄减幅最大($P<$0.05)。56%站点的连续5日最大降水量呈增加趋势(图2.66(b))，增幅为0.1～3.2 mm/10a（申扎和隆子$P<0.05$），以波密增幅最大；其余各站均为减小趋势，为−0.6～−1.9 mm/10a，其中丁青减幅最大。

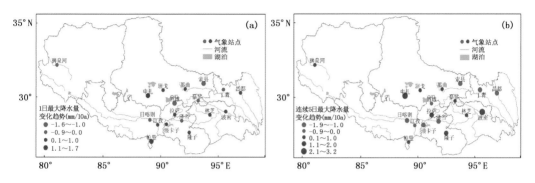

图2.66　1961—2016年西藏1日最大降水量(a)和连续5日最大降水量(b)变化趋势空间分布

2.2.8　降水强度

1961—2016年，西藏平均降水强度呈弱的增加趋势（图2.67），平均每10年增大0.03 mm/d。2016年，西藏降水强度为6.2 mm/d，比平均值(5.8 mm/d)偏大0.3 mm/d，其中，日喀则降水强度最大，为7.9 mm/d。

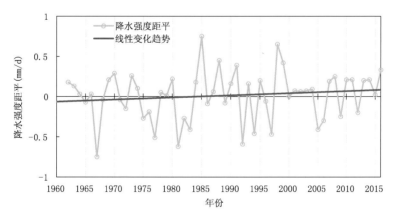

图2.67　1961—2016年西藏降水强度距平的变化

从1961—2016年西藏降水强度变化趋势空间分布来看（图2.68），61%站点的降水强度趋于增大，平均每10年增大0.01～0.23 mm/d，其中波密增幅最显著($P<0.01$)。其余各地降水强度均表现为减小趋势，减幅为−0.01～−0.19 mm/d，以当雄减幅最大($P<0.01$)。

2.2.9　中雨日数和大雨日数

1961—2016年，西藏平均年中雨日数呈增加趋势（图2.69(a)），增幅为0.30 d/10a；年大雨日数为弱的增加趋势（图2.69(b)），为0.03 d/10a。

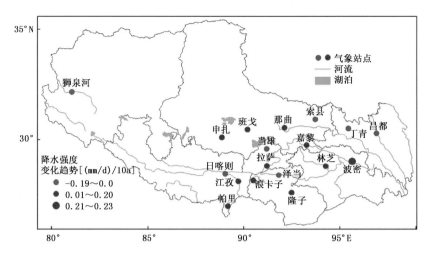

图 2.68　1961—2016 年西藏降水强度变化趋势空间分布

2016 年,西藏平均年中雨日数为 15.8 d,较平均值(13.8 d)偏多 3.0 d,为 1961 年以来第 3 偏多的年份;平均年大雨日数为 2.7 d,接近多年平均值(2.6 d),是 1961 年以来第 26 偏多的年份。

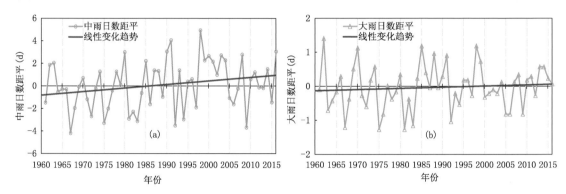

图 2.69　1961—2016 年西藏年中雨日数距平(a)和年大雨日数距平(b)的变化

在变化趋势空间分布上,近 56 年(1961—2016 年)72％站点的年中雨日数趋于增多(图 2.70(a)),增幅为 0.1～2.1 d/10a,以波密增幅最大($P<0.001$);其余各站年中雨日数均表现为减少趋势,平均每 10 年减少 0.1～0.7 d,其中当雄减幅最大。年大雨日数(图 2.70(b))在 56％的站点上表现为增多趋势,增幅为 0.1～0.5 d/10a,仍以波密增幅最大;其他各地均呈减少趋势,减幅不大,为 −0.1～−0.3 d/10a,其中丁青减幅最大。

2.2.10　连续干旱日数和连续湿润日数

1961—2016 年,西藏年连续干旱日数呈显著减少趋势(图 2.71(a)),平均每 10 年减少 3.3 d($P<0.01$);年连续湿润日数呈弱的增加趋势(图 2.71(b)),增幅为 0.04 d/10a。2016 年,西藏平均年连续干旱日数为 113.4 d,较平均值偏多 6.3 d;平均年连续湿润日数为 8.7 d,较平均值偏多 0.3 d。

在变化趋势空间分布上,近 56 年(1961—2016 年)78％的站点年连续干旱日数呈减少趋

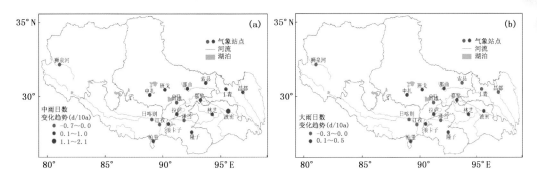

图 2.70　1961—2016 年西藏年中雨日数(a)和年大雨日数(b)变化趋势空间分布

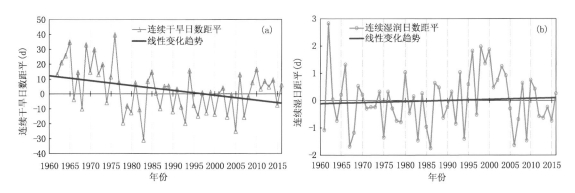

图 2.71　1961—2016 年西藏年连续干旱日数距平(a)和年连续湿润日数距平(b)的变化

势(图 2.72(a)),平均每 10 年减少 0.1～9.7 d,以申扎减幅最大($P<0.01$),其次是当雄,为 -8.2 d/10a($P<0.01$);其余各站均表现为增加趋势,增幅为 0.1～2.1 d/10a,以林芝增幅最大。年连续湿润日数(图 2.72(b))在 56% 的站点上表现为增加趋势,增幅为 0.1～0.6 d/10a,其中嘉黎增幅最大($P<0.01$);其他各站均呈现出减少的变化特征,减幅为 0.1～0.5 d/10a,以帕里减幅最大。

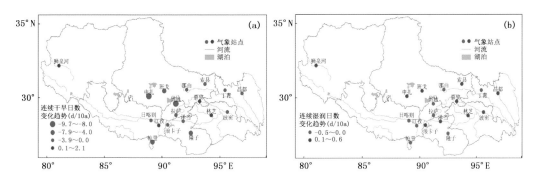

图 2.72　1961—2016 年西藏年连续干旱日数(a)和年连续湿润日数(b)变化趋势空间分布

2.2.11　强降水量和极强降水量

1961—2016 年,西藏平均年强降水量(图 2.73(a))和年极强降水量(图 2.73(b))都表现为增加趋势,增幅分别为 1.29 mm/10a 和 1.14 mm/10a。近 26 年来,西藏平均年强降水量和极强降水量增加趋势更为明显,平均每 10 年分别增加了 4.64 mm 和 4.75 mm。

2016 年,西藏平均年强降水量为 101.3 mm,较多年平均值偏多 15.3 mm;平均年极强降水量为 23.2 mm,较多年平均值偏少 1.3 mm。

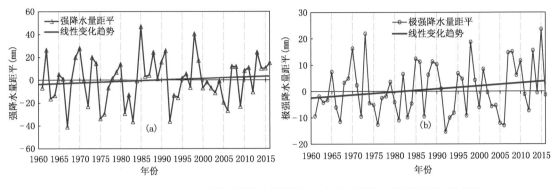

图 2.73　1961—2016 年西藏年强降水量距平(a)和年极强降水量距平(b)的变化

从线性变化趋势的空间分布上来看,有 67% 的站点年强降水量趋于增多(图 2.74(a)),增幅为 0.4~9.5 mm/10a,以波密增幅最大,申扎次之(8.3 mm/10a,$P<0.05$);其余各站均表现为减少趋势,平均每 10 年减少 1.0~8.9 mm,其中丁青减幅最大。年极强降水量(图 2.74(b))在 78% 的站点上表现为增多,增幅为 0.3~5.0 mm/10a,以林芝增幅最大,拉萨次之(6.39 mm/10a,$P<0.05$);其他 4 个站均呈减少趋势,平均每 10 年减少 0.8~4.6 mm(丁青最大、嘉黎最小)。

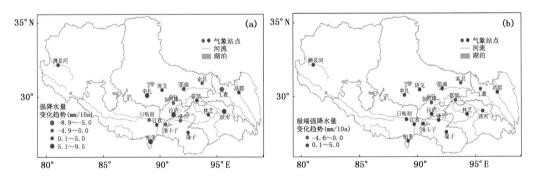

图 2.74　1961—2016 年西藏年强降水量(a)和年极强降水量(b)变化趋势空间分布

2.3　天气现象

2.3.1　霜

1961—2016 年,西藏平均年霜日数呈明显增加趋势(图 2.75),平均每 10 年增加 7.2 d ($P<0.001$)。20 世纪 60—70 年代霜日数偏少,80—90 年代霜日数偏多,进入 21 世纪后以振荡减少为其年际变化特征。

2016 年,西藏平均年霜日数为 102 d,较常年值(127 d)偏少 25 d,为 1981 年以来的最少年份。

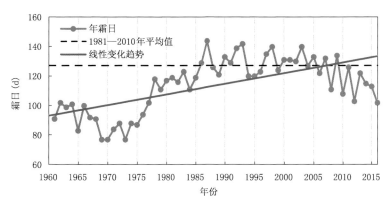

图 2.75　1961—2016 年西藏平均年霜日数的变化

根据 1961—2016 年西藏年霜日数变化趋势空间分布(图 2.76)来看,索县、班戈、狮泉河、拉萨和帕里 5 个站年霜日数均表现为减少趋势,减幅为 −0.9 ～ −20.4 d/10a,以拉萨减幅最大($P<0.001$),班戈次之(−9.6 d/10a,$P<0.001$),帕里减幅最小。其他各站年霜日数均呈增加趋势,增幅为 0.6～24.3 d/10a(11 个站 $P<0.05$),以当雄增幅最大($P<0.001$),其次是江孜(23.8 d/10a,$P<0.001$),日喀则增幅最小。

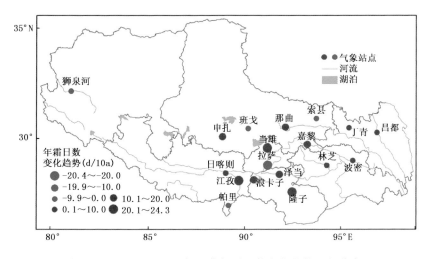

图 2.76　1961—2016 年西藏年霜日数变化趋势空间分布

2.3.2　冰雹

1961—2016 年,西藏平均年冰雹日数呈明显减少趋势(图 2.77),平均每 10 年减少 1.9 d($P<0.001$),特别是近 26 年减幅更为明显,为 −3.0 d/10a($P<0.001$)。20 世纪 60 年代中期至 80 年代初为西藏冰雹高发期,以 70 年代最多;90 年代以来明显减少。

2016 年,西藏平均年冰雹日数为 3.9 d,较常年值(10.7 d)偏少 6.8 d,为 1961 年最少的年份。

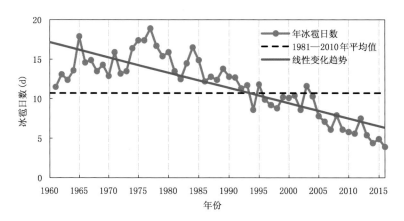

图 2.77　1961—2016 年西藏平均年冰雹日数的变化

从近 56 年(1961—2016 年)西藏年冰雹日数变化趋势空间分布(图 2.78)来看,各站年冰雹日数均表现出减少趋势,减幅为 $-0.2 \sim -5.0$ d/10a,以申扎减幅最大($P < 0.001$),浪卡子次之(-4.0 d/10a,$P < 0.001$),波密减幅最小。近 26 年(1991—2016 年)大部分站点年冰雹日数减少趋势更为明显,其中班戈减幅达到 -11.4 d/10a($P < 0.001$),申扎为 -9.6 d/10a($P < 0.001$)。

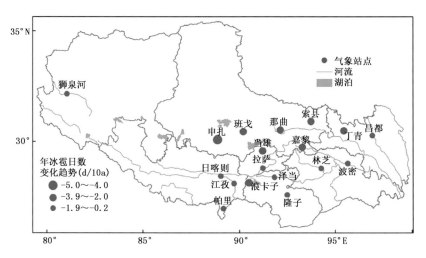

图 2.78　1961—2016 年西藏年冰雹日数变化趋势空间分布

2.3.3　大风

1965—2016 年,西藏平均年大风日数呈明显减少趋势(图 2.79),平均每 10 年减少 10.0 d($P < 0.001$)。20 世纪 60 年代中后期至 80 年代为西藏大风多发期,90 年代以来明显减少。

2016 年,西藏平均年大风日数为 36 d,较常年值(49 d)偏少 13 d,为 1965 年以来第 9 个偏少年份。

根据近 52 年(1965—2016 年)西藏年大风日数变化趋势地域分布(图 2.80)来看,年大风日数在索县、班戈、申扎和帕里 4 个站均表现为增加趋势,增幅为 $1.5 \sim 11.0$ d/10a,其中索

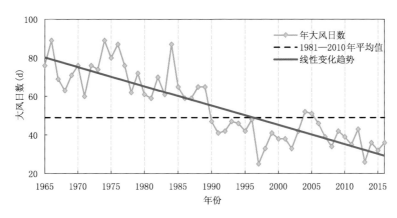

图2.79 1965—2016年西藏平均年大风日数的变化

县增幅最大（$P<0.001$），帕里次之（5.9 d/10a，$P<0.01$），申扎增幅最小（但近26年大风日数趋于增幅，为13.8 d/10a，$P<0.01$）；其他各站年大风日数均呈减少趋势，平均每10年减少0.2～30.6 d/10a，以狮泉河减幅最大（$P<0.001$），其次是拉萨（−29.7 d/10a，$P<0.001$），波密减幅最小。

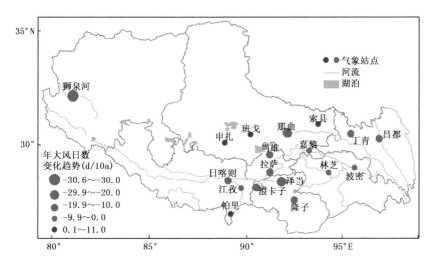

图2.80 1965—2016年西藏年大风日数变化趋势空间分布

2.3.4 沙尘暴

1961—2016年，西藏年沙尘暴日数呈显著减少趋势（图2.81），平均每10年减少1.3 d（$P<0.001$）。20世纪70年代中期至80年代初为沙尘暴频发期，90年代初以后明显减少，尤其是2004年以来减少更为明显，最多有1～2 d，其中2014—2016年连续3年没有出现过沙尘暴。

从西藏年沙尘暴日数变化趋势地域分布（图2.82）上来看，近56年各站均表现为减少趋势，其中林芝市、那曲地区东部和丁青等地减幅较小，不足0.10 d/10a；其他各地平均每10年减少0.5～4.4 d，以泽当减幅最大（$P<0.001$），申扎次之（−4.3 d/10a，$P<0.01$），当雄减幅最小。

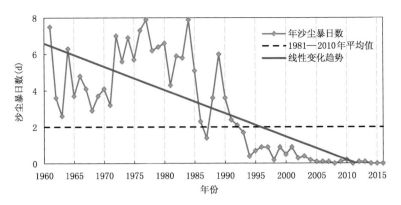

图 2.81　1961—2016 年西藏年沙尘暴日数的变化

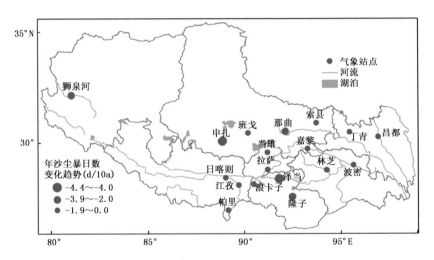

图 2.82　1961—2016 年西藏年沙尘暴日数变化趋势空间分布

第3章　西藏自治区冰冻圈的变化

冰冻圈是指水分以冻结状态(雪和冰)存在的地球表层的一部分,它由雪盖、冰盖、冰川、多年冻土及浮冰(海冰、湖冰和河冰)组成。冰冻圈以高反照率、高冷储、巨大相变潜热、强大的冷水大洋驱动,以及显著的温室气体源汇作用而对全球和区域气候系统施加着强烈的反馈作用,是气候系统五大圈层之一。

冰冻圈由于对气候的高度敏感性和重要的反馈作用,是影响全球和区域气候变化的重要因子,也是对全球气候变化最为敏感的一个圈层。青藏高原是中国冰冻圈分布最广的区域,冰冻圈面积达 160×10^4 km²,占中国冰冻圈总面积的 70%。受气候变化和人类活动的影响,冰冻圈变化的气候效应、环境效应、资源效应、生态效应、灾害效应和社会效应日趋显著,对未来生态与环境安全和社会经济等将产生广泛和深刻的影响(姚檀栋 等,2013)。本章从西藏自治区冰川、积雪和冻土的监测出发,揭示了冰冻圈气候变化的观测事实,对综合分析冰冻圈主要成员变化的强度、模式和速率及其影响具有重要意义。

3.1　冰川

以青藏高原为中心的冰川群是中国乃至整个高原亚洲冰川的核心。根据第一次中国冰川编目资料统计(蒲健辰 等,2004),青藏高原中国境内有现代冰川 36 793 条,冰川面积为 49 873.44 km²,冰储量约为 4 561.3857 km³,分别占中国冰川总条数的 79.5%、冰川总面积的 84.0% 和冰储量的 81.6%。这些冰川大多集中分布在高原南缘的喜马拉雅山、西部的喀喇昆仑山和北部的昆仑山西段等山系。由于全球变暖,青藏高原冰川自 20 世纪 90 年代以来呈全面、加速退缩趋势(姚檀栋 等,2004,2007;施雅风 等,2006;陈锋 等,2009;Yao et al.,2012)。

3.1.1　普若岗日冰川

普若岗日冰川位于西藏那曲地区,是藏北高原最大的由数个冰帽型冰川组合成的大冰原。冰川分布范围为 $33°44' \sim 34°04'$N,$89°20' \sim 89°50'$E,覆盖总面积为 422.58 km²,冰储量为 52.5153 km³,冰川雪线海拔 5 620～5 860 m,是世界上最大的中低纬度冰川,也被确认为世界上除南极、北极以外最大的冰川。蒲健辰等(2002)发现小冰期以来,普若岗日冰川呈退缩趋势,在普若岗日西侧,小冰期后期至 20 世纪 70 年代,冰川退缩了 20 m;70 年代至 90 年代末,冰川退缩了 40～50 m;平均 1.5～1.9 m/a;1999 年 9 月至 2000 年 10 月,退缩了 45 m。井哲帆等(2003)认为,普若岗日冰原 5Z611A6 号冰舌末端自 1974 年 1 月至 2000 年 10 月是处于退缩状态,但是退缩幅度不大,约为 50 m,26 年间平均每年的退缩量约为 1.92 m。拉巴等(2016)采用卫星影像人工数字化方法计算了 2013 年普若岗日冰川面积为 400.68 km²,与中国冰川目录中给出

20世纪80年代的普若岗日冰川面积对比发现,冰川面积减少了21.29 km²。

本公报根据1973—2016年卫星遥感监测资料分析表明(图3.1),普若岗日冰川面积整体呈明显减少趋势,近44年冰川面积减少了84.93 km²,平均每年减少1.93 km²。2016年,冰川面积为389.0 km²,较1973年减少了17.9%。冰川变化北部最大,其次为东南,西部最小(图3.2)。

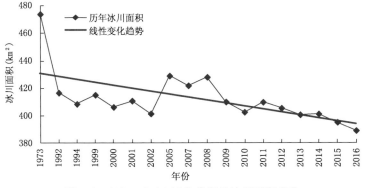

图3.1 1973—2016年普若岗日冰川面积变化

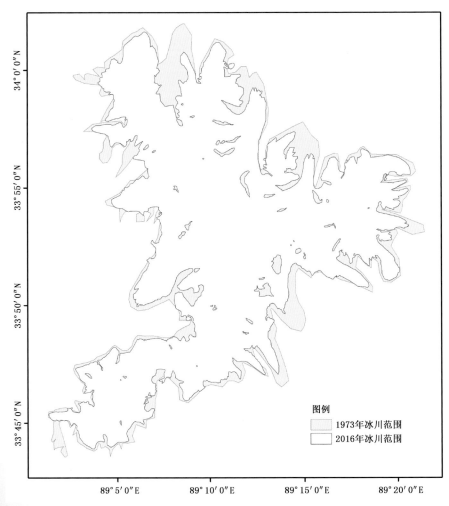

图3.2 2016年与1973年普若岗日冰川面积的对比图

3.1.2 波密县冰川

中国的海洋型冰川主要分布在横断山、喜马拉雅山东段和南坡以及念青唐古拉山的东段和中段,约占我国现代冰川总条数的18.6%和总面积的22.2%(Su et al.,2002)。由于海洋性冰川受印度季风影响强烈,具有高积累高消融特征,小幅的气候变化会引起冰川大幅度的后退或前进,所以它又是气候变化的敏感指示器(康尔泗,1996;施雅风 等,2000;Houghton et al.,2001;Solomon et al.,2007;Wagnon et al.,2007;Fujita 2008),自小冰期最盛期以来,我国海洋型冰川的面积已经减少了相当于现代冰川面积的30%(Su et al.,2002)。

波密县位于西藏自治区东南部,境内海洋型冰川发育极好,有著名的卡钦、则普、若果、古乡等冰川。根据中国冰川编目的记录(米德生 等,2002),本区共发育有1 320条冰川,面积为2 655.2 km²,其中有面积最大的来古冰川和冰川末端延伸较低的阿扎冰川。杨威等(2008)研究发现,从20世纪70年代以来,本区冰川经历了严重的物质损耗与退缩。南坡的阿扎冰川冰舌末端由于表面强烈消融而形成长约6 km的表碛覆盖区,冰川末端呈现出加速退缩的态势。北坡的四条冰川物质平衡观测数据显示,2006年5月至2007年5月冰川表面出现较大亏损,冰川退缩了15～19 m。

本公报利用4个时期LANDSAT高分辨率遥感影像资料,对西藏波密县冰川进行了监测(图3.3),结果发现,近40年波密县冰川平均面积为2 832.27 km²,冰川面积呈减少趋势,从20世纪80年代(1987—1989年)的3 158.37 km²减少至2016年的2 197.71 km²,共退缩了960.66 km²,退缩率为30.41%,年平均变化速率为0.78%。其中,80年代(1987—1989年)至90年代(1999年)共退缩781.94 km²,退缩率为24.75%,年平均变化速率为0.64%;90年代(1999年)至21世纪初(2006年)冰川面积稍有增加,增加面积1 220.12 km²,增幅为51.34%;2006—2016年冰川退缩最大(图3.3(e)),退缩面积1 398.84 km²,退缩率为38.89%,年平均变化速率为1%。

此外,利用LANDSAT系列卫星和谷歌高分影像数据,借助人工目视解译数字化方法,分析了1987—2016年波密县珠西沟主冰川面积的变化(图3.4),结果显示,近30年珠西沟主冰川平均面积为14.77 km²,冰川面积从1987年的15.05 km²减少到2016年的14.78 km²,面积变化率为−1.79%,年平均变化速率为−0.06%,冰川总体呈现退缩状态。在空间变化上看(图3.5),珠西沟主冰川主要表现在冰舌宽度的变化,与1987年相比其他年份冰川冰舌宽度有所缩小,而冰川末端变化不大。

3.1.3 卡惹拉冰川

卡惹拉冰川,又称卡若拉冰川,位于西藏浪卡子县和江孜县交界处,距离江孜县城约71 km,是西藏三大大陆型冰川之一,是拉轨岗日山脉冰川带中最大者,位于乃钦康桑峰南坡,为年楚河东部源头。

本公报利用1972—2016年高分辨率LANDSAT数据,分析了西藏卡惹拉冰川面积变化特征,结果发现,近45年卡惹拉冰川平均面积为9.1 km²,显示为先减少后增加的态势,但总体呈平稳下降趋势(图3.6);卡惹拉冰川面积最大出现在1972年,为9.43 km²;面积最小为8.68 km²,出现在1990年。冰川从1972年的9.43 km²减少到了2016年的9.25 km²,近45年冰川面积减少0.18 km²。从各时间段的冰川面积变化来看,1972—1978年冰川面积变化率

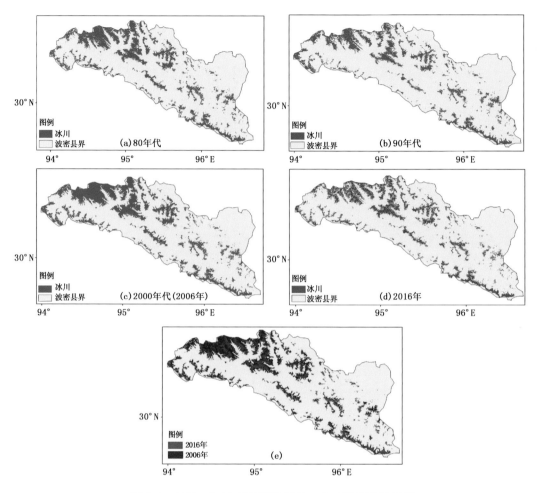

图 3.3　1987—2016 年西藏波密县 4 个时期的冰川面积

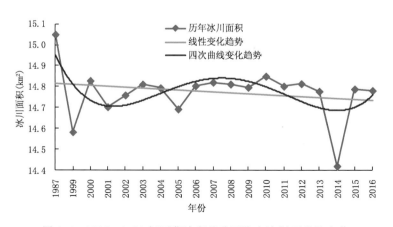

图 3.4　1987—2016 年西藏波密县珠西沟主冰川面积的变化

约为−1.18%,年平均退缩率为每年 0.19 km²;1978—1989 年和 1989—1999 年冰川面积变化不大,基本处于稳定状态,面积变化率仅为−0.43%和−0.67%,年平均退缩速率很小,分别为

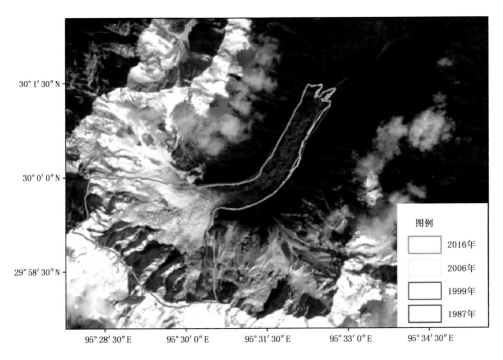

图 3.5　西藏波密县珠西沟主冰川面积的空间变化

每年−0.04 km² 和−0.07 km²;进入 21 世纪后(2001—2016 年),冰川面积有所波动,但总体上以 0.02 km²/a($P<0.05$)的速率增加。2016 年冰川面积为 9.25 km²,较 1972 年退缩了0.18 km²,退缩率为−1.91%。

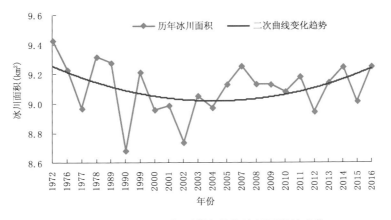

图 3.6　1972—2016 年西藏卡惹拉冰川面积的变化

从卡惹拉冰川面积空间变化来看(图略),近 45 年主要以冰川末端及南部冰舌区域变化最明显。具体为 1972—1999 年期间主要变化在南部冰川末端,1972—2010 年期间除南部冰川末端区域有退缩状态外,在西南坡(舌形区)位置退缩最明显,由此得出西南坡的退缩是在2000 年后形成的。1972—2016 年,西南坡(舌形区)冰川及末端略有前进,东南部冰川末端稍有退缩,其他区域无明显变化。

3.2 积雪

在全球气候变暖大背景下,作为冰冻圈最为活跃和敏感因子,青藏高原积雪变化备受国内外关注。作为"世界第三极",青藏高原地处北半球中纬度地区,平均海拔 4 000 m 以上,是北半球中纬度海拔最高、积雪覆盖最大的地区,成为仅次于南、北两极的全球冰冻圈所在地(Yao et al.,2012)。青藏高原、蒙古高原、欧洲阿尔卑斯山脉及北美中西部是北半球积雪分布关键区,其中青藏高原是北半球积雪异常变化最强烈的区域(李栋梁 等,2011)。

姚檀栋等(2013)分析认为,过去 50 年,青藏高原积雪面积总体呈减少趋势,但 20 世纪80—90 年代略有增加。除多等(2016)分析认为,2000—2014 年西藏高原积雪面积呈微弱减少态势,其中秋、冬两季积雪面积略显上升趋势,春季略有减少,夏季减少趋势显著。王叶堂等(2007)发现,青藏高原积雪面积总体上表现出冬春季减少、夏秋季增加的趋势。年平均积雪深度在 20 世纪 90 年代中期以前为上升趋势,20 世纪 90 年代中后期开始由持续增长转为下降(韦志刚 等,2002;马丽娟 等,2012);白淑英等(2014)通过对被动微波雪深数据分析发现,1979—2010 年青藏高原雪深呈显著增加趋势,且以冬季增加最为明显。积雪日数在 20 世纪60 至 90 年代中后期是增加的,之后迅速减少(徐丽娇 等,2010);近 30 年(1981—2010 年)出现了非常显著的减少趋势,其中冬季减幅最为明显,其次是春季(除多 等,2015)。

3.2.1 积雪日数

根据 1981—2016 年监测表明,近 36 年西藏平均年积雪日数呈明显减少趋势(图 3.7(a)),平均每 10 年减少 5.1 d(P<0.001)。其中,藏北地区减少幅度较为明显(图 3.7(b)),为

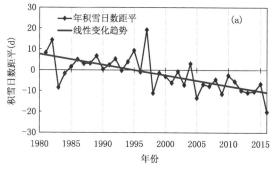
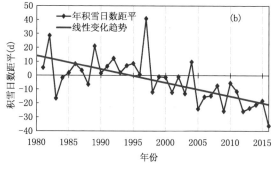
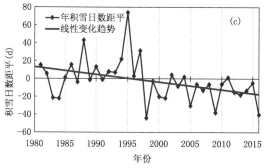

图 3.7 1981—2016 年西藏平均年积雪日数距平变化

(a)全自治区,(b)藏北地区,(c)南部边缘地区

−9.8 d/10a($P<0.001$);南部边缘地区也趋于减少(图 3.7(c)),减幅为−8.6 d/10a($P<$ 0.001)。西藏 20 世纪 80 年代至 90 年代中后期积雪日数偏多,之后至今处于偏少期。

2016 年,西藏平均年积雪日数为 8.9 d,比常年值(29.0 d)偏少 20.1 d,是 1981 年以来最少的一年。

从 1981—2016 年西藏各地年积雪日数变化趋势地域分布来看(图 3.8),所有站年积雪日数都表现为减少趋势,平均每 10 年减少 0.4~16.5 d(27 个站 $P<0.05$),减幅以索县最大($P<0.001$),其次是安多,为 14.1 d/10a($P<0.01$),日喀则最小,其中,那曲地区大部、昌都市西北部和聂拉木等地平均每 10 年减少了 10.0 d 以上。

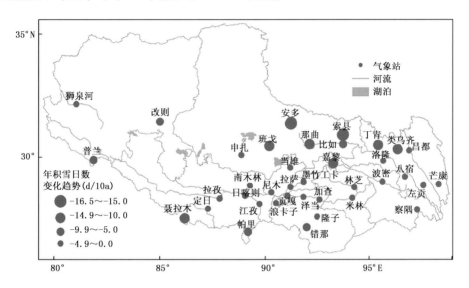

图 3.8 1981—2016 年西藏年积雪日数变化趋势空间分布

3.2.2 最大积雪深度

根据 1981—2016 年监测表明,近 36 年西藏平均年最大积雪深度呈减小趋势(图 3.9(a)),平均每 10 年减小 0.5 cm(未通过显著性检验水平),其中,南部边缘地区减幅较大(图 3.9(b)),为−2.2 cm/10a;藏北地区也呈减小趋势(图 3.9(c)),减幅为−0.5 cm/10a。

2016 年,西藏平均最大年积雪深度为 4.7 d,比常年值(8.1 d)偏少 3.4 d,是 1981 年以来最大积雪深度最浅的一年。

图 3.10 给出了 1981—2016 年西藏年最大积雪深度变化趋势空间分布情况,结果显示,年最大积雪深度趋于增加的地方分布在阿里地区大部、昌都市南部以及拉孜、定日、申扎、错那、墨竹工卡、索县、丁青等,平均每 10 年增加 0.1~1.7 cm(未通过显著性检验),以普兰最大,其次是拉孜(0.4 cm/10a),芒康最小。其余各地年最大积雪深度均呈减小趋势,减幅为−0.1~−6.0 cm/10a,其中聂拉木减幅最大(未通过显著性检验),波密次之(−2.1 cm/10a,$P<$ 0.05),日喀则减幅最小。

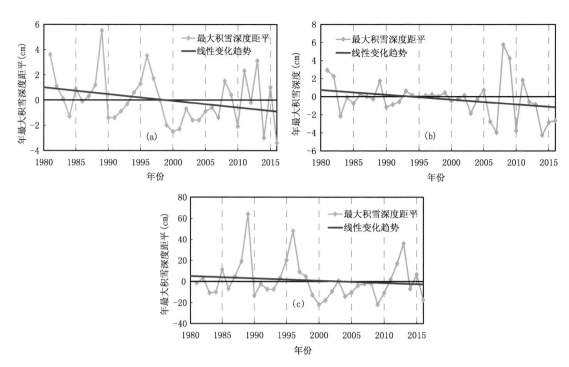

图 3.9　1981—2016 年西藏年最大积雪深度距平变化趋势

（a）全自治区，（b）藏北地区，（c）南部边缘地区

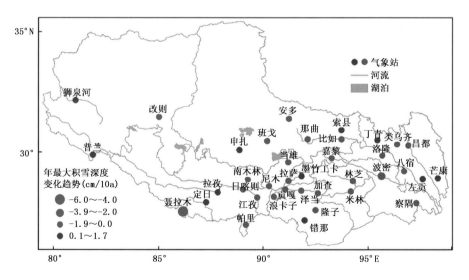

图 3.10　1981—2016 年西藏年最大积雪深度变化趋势空间分布

3.3　冻土

作为全球最主要的高海拔冻土区,青藏高原现存多年冻土面积约为 126×10^4 km²,约占高原总面积的 56%(金会军 等,2010)。其中,高原型冻土作为主体主要发育在青藏高原腹地,

而高山型冻土主要发育在其周边的山地,如喜马拉雅山、祁连山、横断山、昆仑山等。近几十年气候变暖是冻土退化的基础因素,人为活动在局部加速了冻土退化。高原冻土在 1976—1985 年期间基本处于相对稳定状态,1986—1995 年逐渐地向区域性退化趋势发展,1996 年至今已演变为加速退化阶段,推测未来几十年内冻土退化仍会保持或加速(金会军 等,2010)。

3.3.1　最大冻土深度

根据西藏 16 个气象观测站冻土监测记录表明,1961 年以来西藏季节性最大冻土深度呈持续减小趋势,不同海拔地区减小特征趋同存异。其中,海拔 4 500 m 以上地区减小趋势最为明显,平均每 10 年减小 15.0 cm(图 3.11(a));3 000~4 500 m 中等海拔地区最大冻土深度减幅为 −4.6 cm/10a(图 3.11(b));海拔 3 000 m 以下地区呈弱的增大趋势(图 3.11(c))。

2016 年,4 500 m 以上高海拔地区最大冻土深度创 1961 年以来的最低值,较常年值减小了 69 cm;4 500 m 以上中等海拔地区最大冻土深度较 2015 年略有变浅,与常年值比较,减小了 9 cm;3 000 m 以下低海拔地区最大冻土深度低于常年值,变浅了 4 cm。

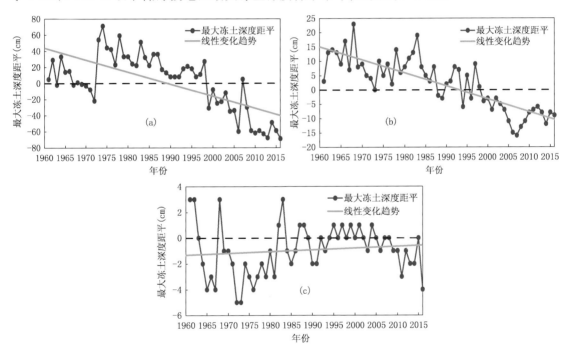

图 3.11　1961—2016 年西藏海拔 4 500 m 以上(a)、3 000~4 500 m(b)
和 3 000 m 以下(c)地区最大冻土深度距平变化

图 3.12 绘出了 1961—2016 年西藏最大冻土深度变化趋势的空间分布情况,从图中可知,近 56 年最大冻土深度仅在林芝站趋于增大,为 1.0 cm/10a($P<0.001$);其余各站均呈变浅的变化趋势,平均每 10 年变浅了 0.8~37.0 cm(13 个站 $P<0.001$),其中安多减幅最大($P<0.001$),其次是那曲,为 −19.2 cm/10a($P<0.001$),波密减幅最小($P<0.01$)。尤其是安多站近 26 年(1991—2016 年)最大冻土深度变浅更为明显,变浅率高达 −61.6 cm/10a($P<0.001$)。

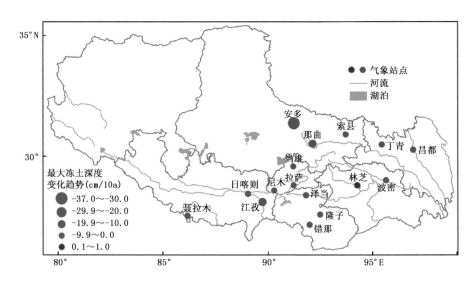

图 3.12　1961—2016 年西藏最大冻土深度变化趋势空间分布

3.3.2　土壤冻结开始日期和终止日期

高荣等(2003)认为,20 世纪 80 年代青藏高原土壤冻结偏早,解冻偏晚,冻结日数偏多;而 90 年代正好相反,冻结偏晚,解冻偏早,冻结日数偏少。土壤始冻日期呈偏晚趋势,解冻日期呈偏早趋势,土壤冻结总体呈退化趋势。

(1)土壤冻结开始日期

根据 1971—2016 年西藏 16 个气象观测站冻土监测记录表明,近 46 年土壤冻结开始日期在海拔 3 000 m 以上地区表现为推迟趋势(图 3.13(a)、(b))。其中,海拔 4 500 m 以上地区推迟最为明显,平均每 10 年推迟了 2.6 d($P<0.01$);3 000~4 500 m 中等海拔地区每 10 年推迟 1.6 d($P<0.01$);而海拔 3 000 m 以下地区却呈提早趋势(图 3.13(c)),平均每 10 年提早 2.2 d($P<0.10$)。近 26 年(1991—2016 年)各海拔高度上土壤冻结开始日期都呈偏晚趋势,以 3 000~4 500 m 中等海拔地区偏晚较为明显,为 4.0 d/10a($P<0.001$)。

2016 年,海拔 4 500 m 以上地区土壤冻结平均开始日期为 10 月 24 日,较常年值偏晚了 10 d;3 000~4 500 m 中等海拔地区土壤冻结平均开始日期为 11 月 3 日,较常年值偏晚 8 d;海拔 3 000 m 以下土壤冻结平均开始日期为 12 月 9 日,较常年值偏晚 19 d。

从 1971—2016 年西藏土壤冻结开始日期变化趋势空间分布情况来看(图 3.14),近 46 年索县、当雄、江孜、隆子和林芝 5 个站土壤冻结开始日期趋于偏早,平均每 10 年偏早 0.5~5.3 d/10a($P<0.001$),以林芝偏早最多($P<0.001$),其次是索县和当雄,均为 -3.6 d/10a($P<0.05$);其余各站土壤冻结开始日期均呈推迟趋势,平均每 10 年推迟 1.5~5.7 d(7 个站 $P<0.05$),其中聂拉木偏晚最多($P<0.001$),拉萨次之,为 4.6 d/10a($P<0.01$)。

(2)土壤冻结终止日期

分析 1971—2016 年西藏 16 个气象站土壤冻结终止日期(土壤解冻日期)变化趋势,结果表明,各海拔高度上土壤解冻日期呈提早趋势。其中,海拔 4 500 m 以上地区偏早最为明显(图 3.15(a)),平均每 10 年提早 7.2 d($P<0.001$),3 000~4 500 m 中等海拔地区每 10 年提

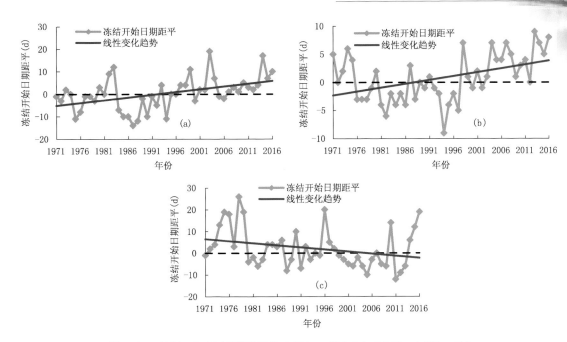

图 3.13　1971—2016 年西藏海拔 4 500 m 以上(a)、3 000～4 500 m(b)

和 3 000 m 以下(c)地区土壤冻结开始日期距平的变化

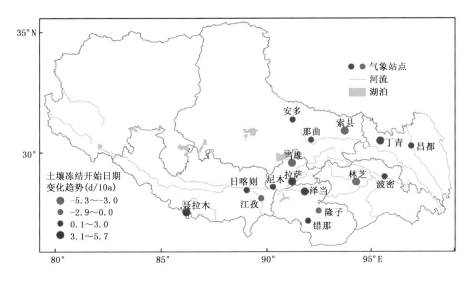

图 3.14　1971—2016 年西藏土壤冻结开始日期变化趋势空间分布

早 5.7 d(图 3.15(b),P<0.01);海拔 3 000 m 以下地区平均每 10 年提早 0.7 d(图 3.15(c)),尤其是近 26 年(1991—2016 年)海拔 3 000 m 以上地区土壤解冻日期明显偏早,平均每 10 年提早了 8.5～9.0 d(P<0.001)。

2016 年,4 500 m 以上高海拔地区土壤解冻平均日期为 5 月 13 日,较常年值偏早 18 d;3 000～4 500 m 中等海拔地区土壤解冻平均日期为 3 月 22 日,较常年值偏早 17 d;3 000 m 以下低海拔地区土壤解冻平均日期为 2 月 20 日,较常年值偏早 11 d。

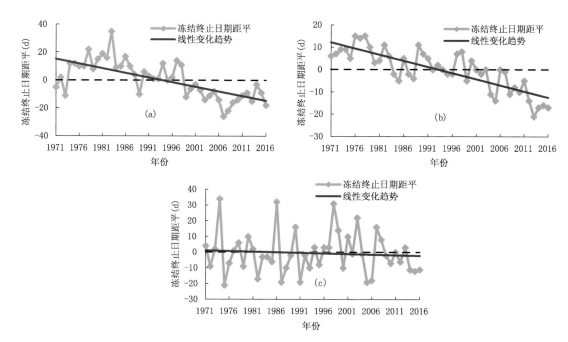

图 3.15　1971—2016 年西藏海拔 4 500 m 以上(a)、3 000～4 500 m(b)

和 3 000 m 以下(c)地区土壤冻结终止日期距平的变化

　　根据 1971—2016 年西藏土壤冻结终止日期变化趋势空间分布来看(图 3.16),近 46 年当雄和林芝 2 个站土壤解冻日期趋于偏晚,平均每 10 年分别偏晚 2.0 d 和 3.6 d;其余各站土壤解冻日期均呈提早趋势,平均每 10 年提早 1.2～10.9 d(12 个站 $P<0.05$),其中安多偏早最多($P<0.001$),泽当次之(-10.8 d/10a,$P<0.001$),拉萨也偏早(-10.4 d/10a,$P<0.001$),江孜偏早最少。近 26 年除林芝土壤解冻日期略偏晚(0.6 d/10a)外,其他各站都表现为偏早的年际变化特征,尤其是聂拉木偏早最明显,达到 -17.1 d/10a($P<0.001$)。

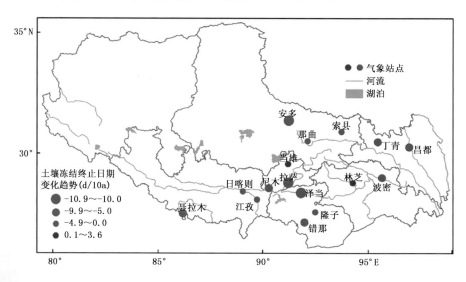

图 3.16　1971—2016 年西藏土壤冻结终止日期变化趋势空间分布

第4章　西藏自治区陆面生态变化

气候变化对陆地生态系统的影响及其反馈是当前全球变化研究的重要内容,青藏高原是全球气候变化的敏感区和启动区(姚檀栋 等,2000),气候变化的微小波动都会对高原陆地生态系统产生强烈响应(Klein et al.,2004)。本章从西藏自治区地表温度、湖泊面积、陆地植被,以及区域生态气候的监测出发,揭示了诸多生态建设的结果,为西藏高原生态文明建设提供科技支撑。总体来看,近56年西藏大部分湖泊面积呈扩张趋势,生态系统趋好是环境变化的主要特征。

4.1　地表面温度

根据1981—2016年的监测显示,近36年西藏年平均地表温度呈显著上升趋势,升幅为0.50 ℃/10a(图4.1)。2016年,西藏年平均地表温度为9.7 ℃,较常年值偏高0.9 ℃,是1981年以来的第6个高值年份。

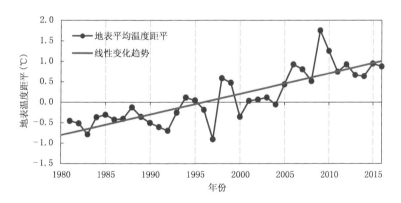

图4.1　1981—2016年西藏年平均地表温度距平变化

从1981—2016年西藏各站年平均地表温度变化趋势空间分布来看(图4.2),林芝和南木林呈下降趋势,分别为−0.02 ℃/10a和−0.16 ℃/10a,其他各站均呈一致的升高趋势,平均每10年升高0.13~1.02 ℃(33个站 $P<0.05$,其中27个站 $P<0.001$),以狮泉河最大($P<0.001$),其次是班戈(0.85 ℃/10a,$P<0.001$),波密最小。全区有42%的站点升温率大于0.60 ℃/10a,主要分布在阿里地区、那曲地区大部、拉萨、当雄、拉孜等地。

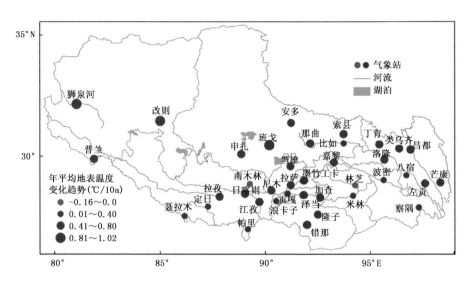

图 4.2　1981—2016 年西藏年平均地表温度变化趋势空间分布

4.2　湖泊

青藏高原是地球上海拔最高、数量最多、面积最大的高原湖群区,也是我国湖泊分布密度最大,且与东部平原湖区遥相呼应的两大稠密湖群区之一。从空间分布来看,拥有面积 1 km² 以上湖泊数量最多和最大的是青藏高原湖区,湖泊数量为 1 055 个,面积为 41 831.7 km²,分别占全国湖泊总数量和总面积的 39.2% 和 51.4%(马荣华 等,2011)。青藏高原上有青海湖、纳木错、色林错、扎日南木错、当惹雍错、羊卓雍错、鄂陵湖、扎陵湖、昂拉仁错以及班公错等著名大湖。近半个世纪以来,伴随着全球气候变暖及其影响下的冰川消融、冻土退化,青藏高原地区的湖泊因补给条件差异而分别表现出扩张、萎缩、稳定三种状态,整体上以扩张趋势为主,其中 1991—2010 年是湖泊扩张最显著的时期(董斯扬 等,2014)。

4.2.1　色林错

色林错(31°34′~31°57′N,88°33′~89°21′E),又名奇林湖,地处西藏自治区申扎、班戈和尼玛三县交界处,位于冈底斯山北麓,申扎县以北,曾是西藏第二大咸水湖,湖面海拔 4 530 m。2010 年湖泊面积 2 349.46 km²(闫立娟 等,2016),较《中国湖泊志》(王苏民 等,1998)记载湖泊面积(1 628.0 km²)扩张了 721.46 km²,扩张率为 44.3%。

本公报根据 1975—2016 年卫星遥感监测资料分析发现,近 42 年色林错湖面面积呈显著扩张趋势(图 4.3),湖面面积平均上涨率为 40.46 km²/a。其中,2000 年以后湖泊面积持续扩张,2000 年湖泊面积与 1975 年相比,扩大了 267.28 km²,扩张率为 16.48%;2003 年面积达到 2 058.09 km²,超过纳木错面积,成为西藏第一大咸水湖;2014 年湖泊面积高达 2 393.33 km²,为近 42 最大值。2016 年,色林错湖面面积为 2 383.97 km²,较 1975 年(1 621.77 km²)扩张了 47.0%(图 4.4)。

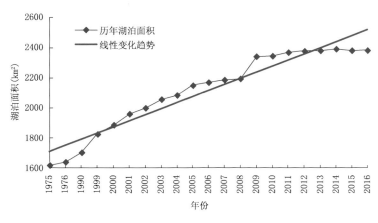

图 4.3　1975—2016 年西藏色林错湖面面积变化

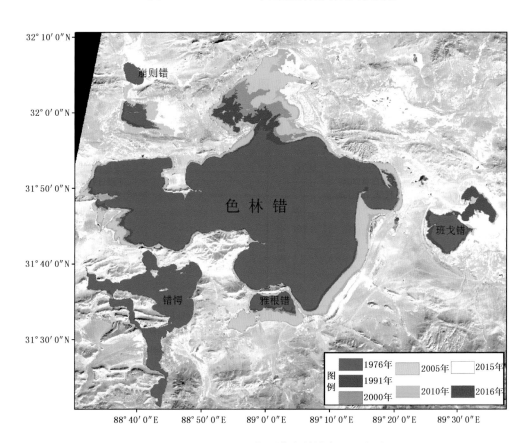

图 4.4　1976—2016 年西藏色林错湖面面积对比

4.2.2　纳木错

纳木错（90°16′～91°03′E，30°30′～30°55′N），位于藏北东南部，念青唐古拉山北麓，西藏自治区当雄县和班戈县境内。它曾是西藏第一大咸水湖，是我国第二大咸水湖，也是世界海拔最高的咸水湖，湖面海拔 4 718 m。2009 年湖泊面积为 2 028.78 km²（闫立娟 等，2016），较

《中国湖泊志》(王苏民 等,1998)记载湖泊面积(1 961.5 km²)扩张了 67.28 km²,扩张率为 3.43%。

本公报根据卫星遥感监测显示,1975—2016 年纳木错湖面扩张较为明显,呈增加趋势(图4.5),平均每年扩张 3.41 km²。其中,2000—2016 年面积扩张率为 1.91 km²/a,2010 年达到2 038.52 km²,为近 42 年最大值。2016 年湖面面积为 2 029.72 km²,与 2015 年比较扩张了0.56%,与 1975 年(1 947.0 km²)比较扩张了 4.25%。

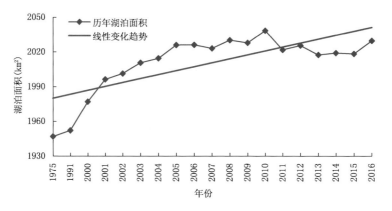

图 4.5 1975—2016 年西藏纳木错湖面面积变化

从空间变化来看(图 4.6),纳木错变化较明显的区域主要位于该湖的西部、东部。2005 年与 1975 年相比,湖的东、西部湖岸线分别向东、向西部扩展。类似地,2016 年与 2001 年比较,同样也是东、西部湖岸线分别向东、向西扩展,扩展程度比前者更明显。

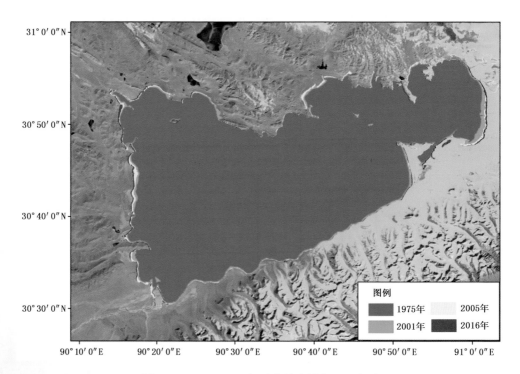

图 4.6 1976—2016 年西藏纳木错湖面面积对比

4.2.3　扎日南木错

扎日南木错(30°44′～31°05′N,85°20′～85°54′E),是西藏第三大湖,位于阿里地区措勤县东北部,湖面海拔 4 613 m。2009 年湖泊面积为 1 006.83 km²(闫立娟 等,2016),较《中国湖泊志》(王苏民 等,1998)记载湖泊面积(996.9 km²)扩张了 9.93 km²,扩张率为 1.00%。德吉央宗等(2014)分析发现,1975—2011 年扎日南木错湖面面积总体呈增加趋势,平均每年增加 1.75 km²。

本公报根据卫星遥感监测显示,1975—2016 年扎日南木错面积经历了先萎缩、后扩张的变化,但总体呈扩张趋势(图 4.7),近 42 年湖面面积平均上涨率为 1.63 km²/a,尤其是 2000—2016 年湖泊面积扩张了 32.06 km²,平均每年扩张了 1.89 km²。2016 年扎日南木错湖面面积为 997.12 km²,较 1975 年(999.61 km²)略有萎缩,萎缩率为 0.25%。

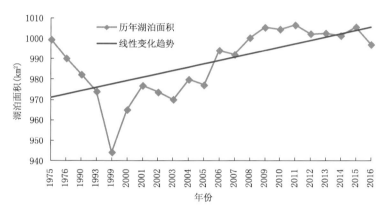

图 4.7　1975—2016 年西藏扎日南木错湖面面积变化

为了反映湖泊面积的变化情况,本公报利用 1976 年、1999 年、2011 和 2016 年的扎日南木错湖泊卫星遥感资料对比分析发现(图 4.8),扎日南木错湖面变化较明显的区域位于该湖的西部和东部。

4.2.4　当惹雍错

当惹雍错(30°45′～31°22′N,86°23′～86°49′E),又名唐古拉攸木错,位于冈底斯山北坡拗陷盆地北部的东段,属西藏自治区尼玛县,湖面海拔 4 528 m。第四纪时期,历史时期当惹雍错北面与当穷错,南边与许如错相连,长可达 190 km。由于气候变干,湖水退缩,当穷错、许如错与当惹雍错分离,遂成独立湖泊。2009 年当惹雍错湖泊面积为 841.83 km²(闫立娟 等,2016),较《中国湖泊志》(王苏民 等,1998)记载湖泊面积(835.30 km²)扩张了 6.53 km²,扩张率为 0.78%。拉巴卓玛等(2017)分析得到了 1977—2014 年当惹雍错平均湖面面积 835.75 km²,最大湖面面积为 856.01 km²,出现在 2014 年;最小湖面面积为 822.91 km²,出现在 1990年。

本公报通过分析 1977—2016 年 Lansat/MSS、TM 和 ETM+数据发现,近 40 年当惹雍错湖泊面积整体呈上升趋势(图 4.9),平均每年增加 1.48 km²。其中,湖泊在 20 世纪 80 年代末

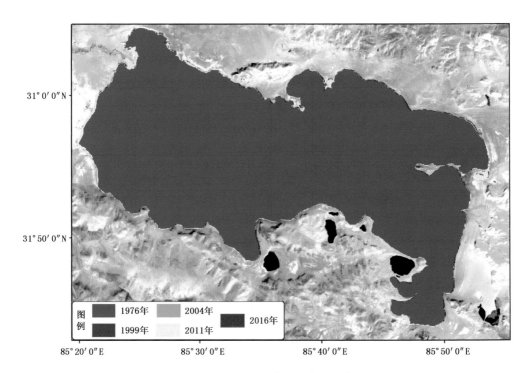

图 4.8　1976—2016 年西藏扎日南木错湖面面积对比

至 90 年代初出现了一次萎缩状态,到 1999 年湖面面积恢复至 829.92 km²,接近 1977 年的湖面面积。2000 年以后湖泊面积基本处于增长趋势,2000—2016 年湖面面积扩大了 27.19 km²。2016 年,当惹雍错湖面面积达到 858.30 km²,较 1977 年扩大了 29.15 km²,扩张率为 3.52%。

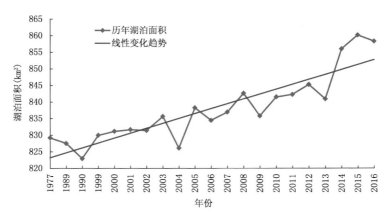

图 4.9　1977—2016 年西藏当惹雍错湖面面积变化

从当惹雍错湖面面积空间动态变化来看(图 4.10),变化较明显的区域位于该湖的西南角和南部,西南角和南部湖岸线分别向外扩大了。其中,2014 年西南面的小湖明显扩大,并与当惹雍错相连起来了。

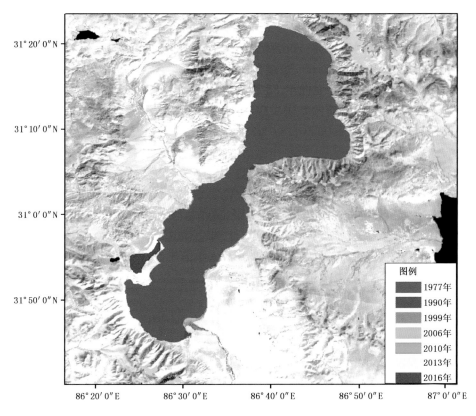

图 4.10　1977—2016 年西藏当惹雍错湖面面积对比

4.2.5　玛旁雍错

玛旁雍错(30°34′~30°47′N,81°22′~81°27′E),位于西藏阿里地区普兰县境内,西与拉昂错相邻,岗仁波齐峰之南。湖面海拔 4 586 m。2010 年湖泊面积为 415.92 km²(闫立娟 等,2016),较《中国湖泊志》(王苏民 等,1998)记载湖泊面积(412.0 km²)扩张了 3.92 km²,扩张率为 0.95%。

本公报利用 1977—2016 年资源卫星遥感资料,分析发现近 40 年玛旁雍错湖面面积变化不是很明显,但总体上呈增长趋势(图 4.11),40 年间湖泊面积增长了 6.82 km²,增幅为 1.63%,平均每年增长 0.17 km²。其中,1977—1994 年湖泊面积减少了 9.14 km²;1977—2005 年湖泊面积减少了 8.03 km²。2000 年以后湖泊面积有增有减,增长面积大于减少面积,2000—2016 年增长了 10.32 km²,增幅为 2.5%。2016 年,玛旁雍错湖面面积达到最高,为 425.37 km²,较 1977 年(418.55 km²)扩张了 1.63%。

从空间变化来看(图 4.12),分析发现玛旁雍错东北部水位增长趋势较明显,1994 年与 2010 相比,湖面东北部湖岸线向东北部扩张了 2.73 km²,与 2016 年相比扩张更明显,向东北部扩张了 15.96 km²。

4.2.6　拉昂错

拉昂错(30°40′~30°51′N,81°06′~81°19′E),又名蓝嘎错,位于西藏自治区普兰县境内,

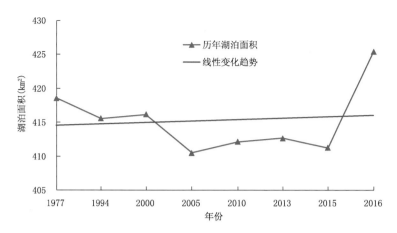

图 4.11　1977—2016 年西藏玛旁雍错湖面面积变化

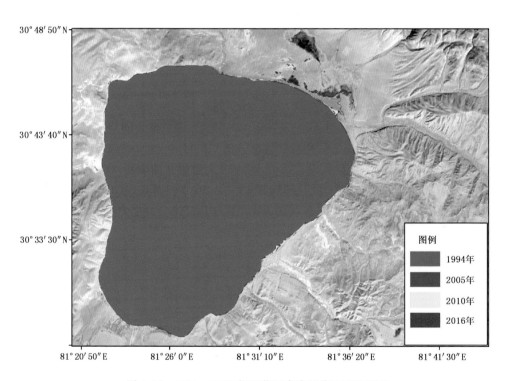

图 4.12　1994—2016 年西藏玛旁雍错湖面面积对比

第四纪时期与东部的玛旁雍错同属一个大湖体,后因气候逐渐干旱,古湖泊萎缩,分离肢解成现状。滨湖东、西、南部环山,北部为湖泊、河积平原,地势开阔;沿湖有古湖岸砂堤分布,高出湖面 25.0 m。近似汤勺形,湖面海拔 4 572.0 m,长 29.0 km,最大宽 17.0 km,平均宽 9.26 km,湖泊面积为 268.50 km²(王苏民 等,1998)。2010 年拉昂错湖泊面积为 262.59 km²(闫立娟 等,2016),较《中国湖泊志》记载湖泊面积萎缩了 5.91 km²,萎缩率为 2.20%。

　　本公报通过对 1977—2016 年资源卫星遥感资料分析发现(图 4.13),近 40 年拉昂错湖面面积变化总体呈减少趋势,湖泊面积减少了 11.52 km²,平均每年减少 0.29 km²。具体表现为:1977—1994 年湖泊面积萎缩了 7.42 km²,1977—2005 年湖泊面积萎缩了 13.58 km²。

2000 年以后湖泊面积持续减少,2000—2016 年湖泊面积减少了 4.2 km²,减幅为 1.58%;2015 年湖泊面积降至最低值,为 254.19 km²。

2016 年,拉昂错湖面面积略有回升,湖面面积为 262.69 km²,与 1977 年比较,萎缩了 11.52 km²,萎缩率为 4.20%。

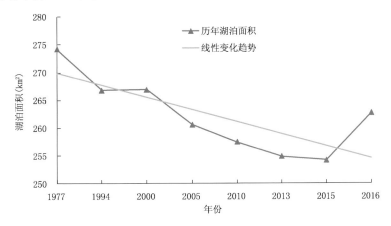

图 4.13　1977—2016 年西藏拉昂错湖面面积变化

从空间分布变化分析来看(图 4.14),拉昂错湖变化较明显的区域主要位于该湖的北部。2005 年与 1994 年对比,湖面北部湖岸线向南萎缩明显,特别是湖的西北部萎缩非常明显,向南部萎缩了 6.16 km²。同样,2010 年与 1994 年比较,也是湖的北部湖岸线向南萎缩,萎缩程度比前者更明显,为 9.32 km²。

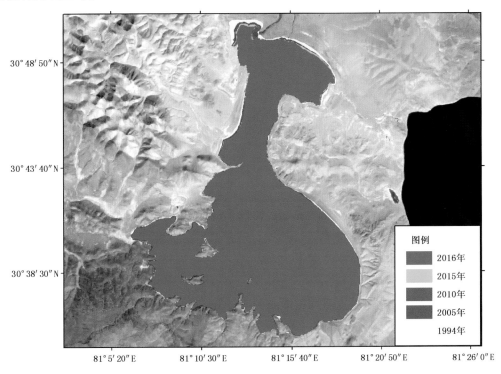

图 4.14　1994—2016 年西藏拉昂错湖面面积对比

4.2.7　佩枯错

佩枯错，又名拉错新错，位于西藏自治区吉隆县和聂拉木县的交界处，在 $85°30'\sim 85°42'$ E，$28°46'\sim 29°02'$ N 。它是藏南又一较大的内陆湖泊，也是日喀则市最大的湖泊，湖面海拔4 580 m。2009 年湖泊面积为 271.01 km²（闫立娟 等，2016），较《中国湖泊志》（王苏民 等，1998）记载湖泊面积（284.4 km²）萎缩了 13.39 km²，萎缩率为 4.71％。

本公报通过 1975—2016 年陆地资源卫星遥感影像数据，分析发现近 42 年佩枯错湖面面积总体呈减少趋势（图 4.15），平均每年减少 0.49 km²。其中，1975—1999 年和 1991—1999年湖泊面积都在减少，分别减少了 6.53 km² 和 0.83 km²。2000 年以后湖泊面积有增有减，2000—2016 年湖泊面积减少量为 4.72 km²；尤其是 2009 年降至最低，为 267.76 km²，与 1975年相比，减少了 14.02 km²，减幅为 4.98％。2016 年，佩枯错湖面面积为 271.59 km²，较 1975年减少了 10.19 km²，减幅为 3.62％。

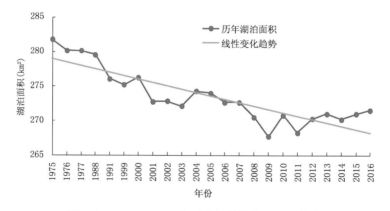

图 4.15　1975—2016 年西藏佩枯错湖面面积变化

从空间动态变化分析来看（图 4.16），佩枯错湖面变化较明显的区域位于该湖的南岸和东北岸，南岸、东北岸湖岸线分别向北、向西南方向萎缩。

4.3　植被

气候变暖导致北半球大部分地区植被发生显著变化，中高纬度植被活动显著增强，高纬度、高寒地区植被返青期提前，生长季长度延长的现象尤为明显（Zhou et al.，2001；De et al.，2011；Lei et al.，2014）。20 世纪 90 年代植被增长趋势较 80 年代显著，从 21 世纪初开始，北半球部分地区 NDVI 增长速率有所减缓（Piao et al.，2011）。Peng 等（2012）认为，1982—2003年青藏高原除森林退化严重（50％）外，其他植被类型 NDVI 呈增长趋势，植被生长状况以变好为主。于伯华等（2009）分析得出，1981—2006 年 NDVI 下降显著的区域主要分布在高原南部，其次为三江源中南部，而藏北高原、西部柴达木盆地 NDVI 较为稳定。

本公报分析了 2000—2016 年西藏植被变化（图 4.17），结果显示，17 年间全区植被覆盖大部分区域呈稳定状态，占自治区总面积的 58.08％；呈退化趋势的区域面积为 221 239.44km²，占自治区总面积的 19.40％；呈改善趋势的区域面积为 173 623.81 km²，占自治区总面积的 15.23％，呈退化趋势的植被面积略多于呈改善趋势的面积。就地域分布来看，阿里地区、

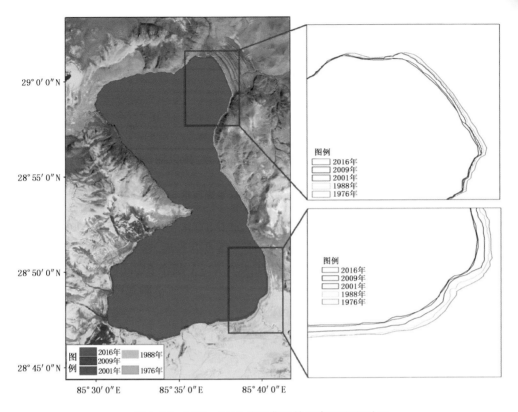

图 4.16 1975—2016 年西藏佩枯错湖面面积对比

林芝市改善区域面积大于退化区域面积,表明这 2 个地(市)植被覆盖总体处于恢复状态;其余 5 个地(市)改善区域面积均小于退化区域面积,其中那曲地区和拉萨市两地的面积相差 10% 以上,说明植被退化占主导地位,而日喀则市和山南市植被退化比例虽大于改善比例,但其两者的差距为 5% 左右,表明植被退化速度趋于变缓。

植被覆盖总体在改善的 2 个地(市)中,林芝市呈改善趋势的面积占该市总面积的 20.12%,明显高于阿里地区的 13.1%,但其呈退化趋势的区域面积百分比(17.98%)也明显高于阿里地区(6.96%),说明林芝市较大范围植被覆盖出现变化,而阿里地区发生变化的区域较小,其处于稳定状态的区域占全地区总面积的 74.81%。

植被退化区域中以拉萨市退化最为明显,呈显著退化趋势的面积占全市总面积的 14.41%;呈轻微退化趋势的区域面积占全市总面积的 31.12%,显著退化和轻微退化的面积百分比为全自治区最大。其次是昌都市和日喀则市,昌都市呈显著退化趋势的面积为 7 058.50 km²,占全自治区总面积的 6.80%;呈轻微退化趋势的面积为 25 392.44 km²,占全自治区总面积的 24.48%。日喀则市呈显著退化趋势的面积为 9 061.50 km²,占全自治区总面积的 5.43%;呈轻微退化趋势的面积为 33 853.69 km²,占全自治区总面积的 20.28%。

从卫星遥感反演资料分析来看(图 4.18),2016 年西藏草地(含干草)总生物量最高值为 2 587.3 kg/hm²,最低值为 153.2 kg/hm²,平均值为 579.7 kg/hm²;鲜草生物量最高值为 2 959.2 kg/hm²,最低值为 82.0 kg/hm²,平均生物量为 515.3 kg/hm²,生物量较好于 2015 年。

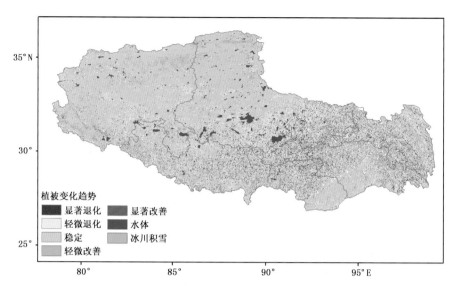

图 4.17　2000—2016 年西藏植被变化

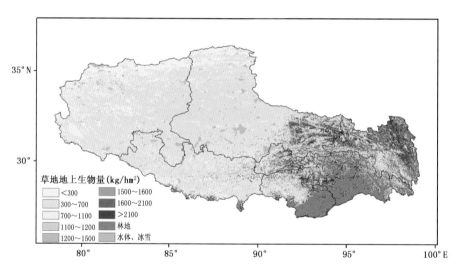

图 4.18　2016 年西藏草地地上总生物量

4.4　区域生态气候

　　气候生产潜力是指充分和合理利用当地的光、热、水气候资源，而其他条件（如土壤、养分、二氧化碳等）处于最适状况时单位面积土地上可能获得的最高生物学产量，可根据生物量与气候因子的统计相关关系建立的数学模型计算得到，如 Thornthwaite Memorial、AEZ、Miami、筑后模型等模型。Miami 模型是 Lieth 根据世界各地植物产量与年平均温度、年降水量之间的关系得到的，能够反映自然状态下水热单因子对潜在生产力的影响，Thornthwaite Memorial 模型是 Lieth 和美国学者 Box 在迈阿密模型的基础上考虑了与植物产量密切相关的蒸散量而提出的。由于这两个模型相对简单,需要的参数少,而被比较广泛地应用于大范围的气候生产潜力变化格局研究中。赵雪雁等(2016)利用此模型计算分析得出,1965—2013 年青藏高原牧草气候生产潜力总体呈增加趋势,在空间上表现为由西北向东南依次增加的态势,青海省北部及南部部分地区气候生产潜力上升幅度较大,而西藏东部上升幅度较小,且南、北部地区差异较大。杜军等(2008)认为,近 35 年(1971—2015 年)西藏阿里地区西南部、聂拉木、江孜植被气候生产潜力为减少趋势,以普兰减幅最大;其他各地呈不同程度增加趋势,增幅为 26.8～459.8 (kg/hm²)/10a。

本公报采用 Thornthwaite Memorial 模型,计算了 1961—2016 年西藏年植被气候生产潜力,结果表明,近 46 年西藏植被气候生产潜力呈显著增加趋势(图 4.19),平均每 10 年增加 116.0 kg/hm²;尤其是近 36 年(1981—2016 年)气候生产潜力增加更明显,增幅达到 210.1 (kg/hm²)/10a。

2016 年,西藏年植被气候生产潜力为 7 577.2 kg/hm²,创 1961 年以来的最高值,较常年值偏高 881.0 kg/hm²。其中,1961—2016 年藏东南森林和藏北草原气候生产潜力均呈明显增加趋势(图 4.20),平均每 10 年分别增加 149.8 kg/hm² 和 169.7 kg/hm²。2016 年,藏东南森林和藏北草原气候生产潜力较常年值分别偏高 807.7 kg/hm² 和 994.8 kg/hm²。藏北草原气候生产潜力达 6 941.5 kg/hm²,创 1961 年以来的最高值。

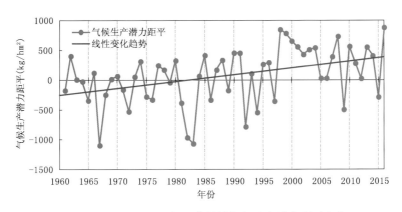

图 4.19　1961—2016 年西藏植被气候生产潜力距平变化

根据 1961—2016 年西藏植被气候生产潜力变化趋势空间分布来看(图 4.21),仅有江孜站表现为减少趋势,为 −5.9 (kg/hm²)/10a;其他各地均呈增加趋势,增幅为 6.5～229.9 (kg/hm²)/10a(12 个站 $P<0.05$),其中那曲增幅最大($P<0.001$),班戈次之(229.5 (kg/hm²)/10a,$P<0.001$),日喀则增幅最小($P<0.01$)。

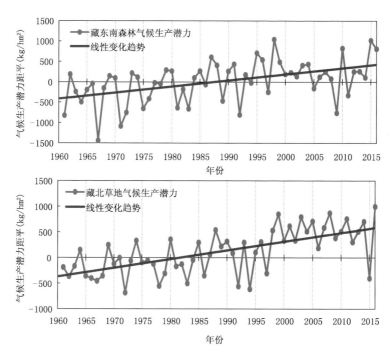

图 4.20　1961—2016 年藏东南森林区和藏北草原区气候生产潜力距平变化

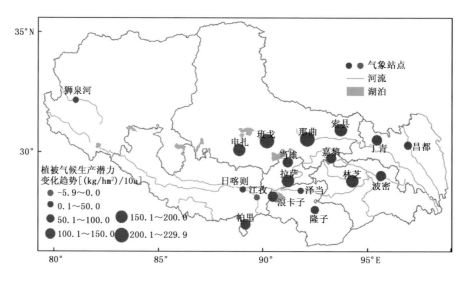

图 4.21　1961—2016 年西藏植被气候生产潜力变化趋势空间分布

参 考 文 献

白淑英,史建桥,高吉喜,等,2014.1979—2010 年青藏高原积雪深度时空变化遥感分析[J].地球信息科学,**16**(4):628-636.

陈锋,康世昌,张拥军,等,2009.纳木错流域冰川和湖泊变化对气候变化的响应[J].山地学报,**27**(6):641-647.

除多,杨勇,罗布坚参,等,2015.1981—2010 年青藏高原积雪日数时空变化特征分析[J].冰川冻土,**37**(6):1461-1472.

除多,2016.2000—2014 年西藏高原积雪覆盖时空变化[J].高原山地气象研究,**36**(1):27-36.

德吉央宗,拉巴,拉巴卓玛,等,2014.基于多源卫星数据扎日南木错湖面变化和气象成因分析[J].湖泊科学,**26**(4):963-970.

杜军,胡军,张勇,等,2008.西藏植被净初级生产力对气候变化的响应[J].南京气象学院学报,**31**(5):738-743.

董斯扬,薛娴,尤全刚,等,2014.近 40 年青藏高原湖泊面积变化遥感分析[J].湖泊科学,**26**(4):535-544.

高荣,韦志刚,董文杰,2003.青藏高原土壤冻结始日和终日的年际变化[J].冰川冻土,**25**(1):49-54.

康尔泗,1996.高亚洲冰冻圈能量平衡特征和物质平衡变化计算研究[J].冰川冻土,**18**(增刊):12-22.

拉巴,格桑卓玛,拉巴卓玛,等,2016.1992—2014 年普若岗日冰川和流域湖泊面积变化及原因分析[J].干旱区地理,**39**(4):770-776.

拉巴卓玛,德吉央宗,拉巴,等,2017.近 40a 西藏那曲当惹雍错湖泊面积变化遥感分析[J].湖泊科学,**29**(2):480-489.

李栋梁,王春学,2011.积雪分布及其对中国气候影响的研究进展[J].大气科学学报,**34**(5):627-636.

井哲帆,姚檀栋,王宁练,2003.普若岗日冰原表面运动特征观测研究进展[J].冰川冻土,**25**(3):288-290.

金会军,王绍令,吕兰芝,等,2010.黄河源区冻土特征及退化趋势[J].冰川冻土,**32**(1):10-17.

马丽娟,秦大河,2012.1957—2009 年中国台站观测的关键积雪参数时空变化特征[J].冰川冻土,**34**(1):1-11.

马荣华,杨桂山,段洪涛,等,2011.中国湖泊的数量、面积与空间分布[J].中国科学:地球科学,**41**(3):394-401.

米德生,谢自楚,冯清华,等,2002.中国冰川编目Ⅺ—恒河水系[M].西安:西安地图出版社.

蒲健辰,姚檀栋,王宁练,等,2002.普若岗日冰原及其小冰期以来的冰川变化[J].冰川冻土,**24**(1):88-92.

蒲健辰,姚檀栋,王宁练,等,2004.近百年来青藏高原冰川的进退变化[J].冰川冻土,**26**(5):517-522.

施雅风,刘时银,2000.中国冰川对 21 世纪全球变暖响应的预估[J].科学通报,**45**:434-438.

施雅风,刘时银,上官冬辉,等,2006.近 30a 青藏高原气候与冰川变化中的两种特殊现象[J].气候变化研究进展,**2**(4):154-160.

王苏民,窦鸿身,1998.中国湖泊志[M].北京:科学出版社.

王叶堂,何勇,侯书贵,2007.2000—2005 年青藏高原积雪时空变化分析[J].冰川冻土,**29**(6):855-861.

韦志刚,黄荣辉,陈文,等,2002.青藏高原地面站积雪的空间分布和年代际变化特征[J].大气科学,**26**(4):496-507.

徐丽娇,李栋梁,胡泽勇,2010.青藏高原积雪日数与高原季风的关系[J].高原气象,**9**(5):1093-1101.

闫立娟,郑绵平,魏乐军,2016.近 40 年来青藏高原湖泊变迁及其对气候变化的响应[J].地学前缘,**23**(4):311-323.

姚檀栋,刘晓东,王宁练,2000.青藏高原地区的气候变化幅度问题[J].科学通报,**45**(1):98-106.

姚檀栋,秦大河,沈永平,等,2013.青藏高原冰冻圈变化及其对区域水循环和生态条件的影响[J].自然杂志,**35**(3):179-185.

姚檀栋,刘时银,蒲健辰,2004.高亚洲冰川的近期退缩及其对西北水资源的影响[J].中国科学,**34**(6):535-543.

姚檀栋,蒲健辰,田立德,等,2007.喜马拉雅山脉西段纳木那尼冰川正在强烈萎缩[J].冰川冻土,**29**(4):503-508.

杨威,姚檀栋,徐柏青,等,2008.青藏高原东南部岗日嘎布地区冰川严重损耗与退缩[J].科学通报,**53**(17):2091-2095.

于伯华,吕昌河,吕婷婷,等,2009.青藏高原植被覆盖变化的地域分异特征[J].地理科学进展,**28**(6):391-397.

赵雪雁,万文玉,王伟军,2016.近50年气候变化对青藏高原牧草生产潜力及物候期的影响[J].中国生态农业学报,**26**(4):532-543.

中国气象局气候变化中心,2017.中国气候变化监测公报(2016)[M].北京:科学出版社.

De Jong R,De Bruin S,De Wit A,et al,2011. Analysis of monotonic greening and browning trends from global NDVI time-series[J]. *Remote Sensing of Environment*,**115**(2):692-702.

Fujita K,2008. Effect of precipitation seasonality on climatic sensitivity of glacier mass balance[J]. *Earth Planet Sci Lett*,**276**:14-19.

Houghton J T,Ding Y J,Griggs D J,et al,2001. Climate change 2001:The scientific basis. In:Contribution of Working Group I to the Third Assessment Report of the Intergovernmental Panel on Climate Change. Cambridge:Cambridge University Press.

Klein J A,Harte J,Zhao X Q,2004. Experimental warming causes large and rapid species loss,dampened by simulated grazing,on the Tibetan Plateau[J]. *Ecology Letters*,**7**(12):1170-1179.

Lei H,Yang D,Huang M,2014. Impacts of climate change and vegetation dynamics on runoff in the mountainous region of the Haihe River basin in the past five decades[J]. *Journal of Hydrology*,**511**:786-799.

Peterson T C,Folland C,Gruza G,et al,2001. Report on the activities of the working group on climate change detection and related rapporteurs(1998－2001). http://eprints. soton. ac. uk/30144/1/048_wgccd. pdf.

Peng J,Liu Z H,Liu Y H,et al,2012. Trend analysis of vegetation dynamics in Qinghai-Tibet Plateau using Hurst Exponent[J]. *Ecological Indicators*,**14**:28-39.

Piao S,Wang X,Ciais P,2011. Changes in satellite－derived vegetation growth trend in temperate and boreal Eurasia from 1982 to 2006[J]. *Global Change Biology*,**17**(10):3 228-239.

Solomon S,Qin D H,Manning M,et al,2007. Climate change 2007:The physical science basis. In:Contribution of Working Group I to the Fourth Assessment Report of the Intergovernmental Panel on Climate Change. Cambridge:Cambridge University Press.

Su Z,Shi Y F,2002. Response of monsoonal temperate glaciers to global warming since the Little Ice Age[J]. *Quat Int*,97-98:123-131.

Wagnon P,Linda A,Arnaud Y,et al,2007. Four years of mass balance on Chhota Shigri Glacier,Himachal Pradesh,India,a new benchmark glacier in the western Himalaya[J]. *J Glaciol*,**53**:603-611.

Yao T,Thompson L,Yang W,et al,2012. Different glacier status with atmospheric circulations in Tibetan Plateau and surroundings[J]. *Nature Climate Change*,**2**:663-667.

Zhang Y S,Fujita K,Ageta Y,et al,1998. The response of glacier ELA to climate fluctuations in High Asian[J]. *Bull Glacier Res*,**16**:1-11.

Zhou L M, Tucker C J, Kaufmann R K, et al, 2001. Variations in northern vegetation activity inferred from satellite data of vegetation index during 1981 to 1999[J]. *Journal of Geophysical Research Atmoshperes*, **106** (D17):20069-20083.